I0059697

25810

ÉNUMÉRATION

DES

ALGUES MARINES

DU LITTORAL DE BASTIA (Corse)

BIBLIOTHÈQUE NATIONALE
R.F.
IMPRIMÉS.

BIBLIOTHÈQUE
HÉRAULT
N° 225
1874

Extrait de la REVUE DES SCIENCES NATURELLES.

Montpellier. — Typogr. BOEHM et Fils.

ÉNUMÉRATION

DES

ALGUES MARINES

De BASTIA (Corse)

PAR

O. DEBEAUX

Pharmacien-Major de première Classe ; Chevalier de la Légion d'Honneur;
Membre de plusieurs Sociétés savantes.

PARIS

F. SAVY, LIBRAIRE-ÉDITEUR
rue Hautefeuille, 24

MONTPELLIER

C. COULET, LIBRAIRE-ÉDITEUR
LIBRAIRE DE LA FACULTÉ DE MÉDECINE
ET DE L'ACADÉMIE DES SCIENCES ET LETTRES
Grand'Rue, 5

1874

ÉNUMÉRATION

DES

ALGUES MARINES

DU LITTORAL DE BASTIA (Corse)

Les algues de la Corse sont encore peu connues. J. Agardh, dans son ouvrage *Algæ maris Mediterranei et Adriatici*, publié en 1842, n'y mentionne qu'un nombre fort restreint d'espèces trouvées par Leveillé sur les rivages de la Corse, et sans aucune indication de localité. M. Robiquet, dans son travail de statistique intitulé *Recherches sur la Corse* (Rennes, 1835), donne, à la suite du Catalogue des plantes phanérogames observées dans cette île, une liste de quelques algues (20 au plus), qui composeraient toute la végétation sous-marine des rivages de la Corse. Cette liste, dans laquelle on ne trouve aucune mention de localité, devient, ainsi que la partie phanérogamique, à peu près inutile à l'observateur; de sorte qu'aujourd'hui nous ne savons presque rien des productions phycologiques de la Corse, contrée qui offre cependant le plus grand intérêt à tous les botanistes européens.

J'ai essayé de combler en partie cette lacune de nos connaissances sur la cryptogamie corse, en explorant avec beaucoup de soin la côte orientale qui avoisine Bastia, quoique celle-ci soit peu favorable au développement des Thalassiophytes. J'y ai recueilli 140 espèces d'algues environ, mais j'ai lieu de penser que sur le littoral de la côte occidentale, où se trouvent quelques golfes profonds et bien abrités, plusieurs familles d'algues, celles surtout qui recherchent les eaux tranquilles, doivent s'y rencontrer en nombre d'espèces beaucoup plus considérable que dans la partie opposée de l'île, formée, du cap Corse à Bastia, de rochers granitiques ou micaschisteux plongeant à pic dans la mer et sans cesse battus par les vagues. Dans la direction du Sud, de Bastia à l'embouchure du Golo, le littoral est constitué par une plage sablonneuse qui longe l'étang salé de Biguglia, et sur laquelle il n'y a jamais d'autres algues à récolter que celles qui sont rejetées sur le rivage après les coups de mer.

La végétation sous-marine de Bastia est à peu près nulle sur les roches battues sans cesse par les lames venant du N.-E. C'est principalement dans les eaux peu agitées de l'ancien port et du nouveau port en construction, dans l'anse Saint-Nicolas, et au S. de Bastia dans l'anse Saint-Joseph, que le phycologiste fera ses meilleures récoltes. Il ne devra pas négliger non plus de parcourir les jetées après les violentes tempêtes, et d'explorer toutes les criques et les rochers à fleur d'eau, de Bastia au cap Corse.

En général, les algues du littoral de la Corse ont un aspect terne verdâtre ou noirâtre uniforme, et sont dépourvues, à part un très-petit nombre d'espèces, des brillantes couleurs qui caractérisent certaines familles des côtes océaniques. Les Fucacées sont fort peu répandues à Bastia ; les Floridées y sont représentées par un nombre d'espèces relativement considérable, tandis que les Zoospermées ne figurent que pour un nombre fort restreint parmi les algues mentionnées dans cette énumération. Cela tient en partie à la connaissance encore très-imparfaite que j'ai des algues inférieures, et à la difficulté de les déterminer, dans l'état actuel de la science, d'une manière exacte et rigoureuse.

Mes recherches n'ont pas été tout à fait infructueuses sur les rivages de la Corse, et j'ai eu la satisfaction d'avoir pu ajouter à la Flore marine de la Méditerranée une rare espèce qui n'y avait pas encore été signalée: je veux parler du *Cladophora (Æga-gropila) membranacea* Kutz., Confervacée appartenant aux mers chaudes des Canaries, des Antilles et des îles Marquises. La présence à Bastia du *Cladophora membranacea* est un fait des plus intéressants que l'on puisse rapporter sur la migration des végétaux sous-marins à des distances considérables. C'est quelquefois par le moyen des navires, sur la carène desquels viennent se fixer certaines algues (Confervacées, Ulvacées et Siphonacées principalement), ainsi que diverses espèces de Mollusques, de Cirrhipèdes et de Zoophytes, que sont transportés au loin ces plantes et ces animaux d'ordres inférieurs. Ceux-ci, trouvant ensuite dans d'autres parages des conditions d'*habitat*, de température, etc., analogues à celles de leur point de départ, ne tardent pas à s'y acclimater et à s'y développer tout comme dans les milieux où ils vivaient primitivement. Tel est, sans aucun doute, le cas du *Cladophora membranacea*, algue très-abondante aujourd'hui dans le nouveau port de Bastia, et dont la présence ne peut être expliquée autrement dans cette partie du bassin méditerranéen. Le lest des navires sert aussi quelquefois de moyen de transport pour les végétaux phanérogames. Ce fait a été constaté déjà à Bordeaux, à Nantes et autres ports du littoral océanique, pour y expliquer la présence de plusieurs plantes provenant de l'Amérique septentrionale.

J'ai suivi, pour l'énumération méthodique des algues du littoral de Bastia, la classification adoptée depuis quelques années par Harvey dans son *Index generum Algarum* (Londres, 1860). Cette méthode m'a paru la plus commode et la plus facile pour ceux qui commencent à se livrer à l'étude des algues, et elle est de plus en parfait accord avec le système depuis longtemps adopté, pour l'arrangement de ses collections, par le célèbre phycologiste Réné Lenormand (de Vire), dont la perte récente est un véritable deuil pour ses nombreux amis et pour la science à laquelle il a consacré sa longue et laborieuse carrière.

Harvey classe les algues en trois grandes sections : les *Mélanospermées*, les *Rhodospermées* et les *Chlorospermées*, correspondant aux trois grands ordres établis antérieurement par Agardh, les *Fucoïdées*, les *Floridées* et les *Zoospermées*. Les trois sections admises par Harvey ne comprennent en tout que 32 familles. Le phycologiste allemand Kutzing, en créant, dans son *Species Algarum* (Leipzig, 1849), 89 familles dans lesquelles sont groupées toutes les algues connues jusqu'alors, a trop multiplié le nombre de ces familles, et rendu ainsi très-difficiles à saisir les caractères qui lui ont servi à éloigner certains genres d'algues de leurs anciennes tribus, pour former de nouvelles familles.

M. Lejolis, dans sa *Liste des Algues marines de Cherbourg* (Paris, 1863), ne cache pas combien il serait difficile, dans l'état actuel de nos connaissances, de vouloir donner une classification définitive des algues. Mais aussi d'autre part, ajoute cet auteur, il est devenu impossible de conserver sans modifications des systèmes qui ne sont plus en rapport avec les faits acquis à la science, surtout en ce qui regarde les algues *Mélanospermées* Harv. (*Fucoïdées* Agardh). Aussi adopte-t-il, au moins provisoirement, la classification de M. Thuret, qui admet 6 grands ordres divisés en 42 familles groupées d'après les caractères de la fructification et de l'organisation de la fronde.

La classification établie par M. Thuret repose sur des caractères naturels, faciles à saisir, et je l'aurais certainement adoptée moi-même si le nombre des algues de Bastia eût été plus considérable. Mais il eût existé trop de lacunes dans le passage d'une famille à l'autre, et j'ai préféré suivre la méthode de Harvey, qui paraît beaucoup plus simple au premier abord, en ce qu'elle conserve entièrement les ordres et la plupart des familles créés antérieurement par Agardh, quoique le plus souvent sous des noms différents.

Toutes les algues, sans exception, que j'ai récoltées sur les rivages de la Corse, ont été soumises au *visa* de plusieurs botanistes spéciaux et dont l'opinion fait à juste titre autorité dans la science. J'ai hâte de citer les noms de MM. les docteurs Lebel (de Valognes), Bornet (d'Antibes), et de mon vénéré et regrettable ami Réné Lenormand (de Vire), qui m'ont aidé de leur savoir et de leurs conseils obligeants. Avec le concours dévoué de ces naturalistes, j'ai pu déterminer, d'une manière aussi rigoureuse que possible, toutes les algues que j'ai recueillies pendant un séjour de plus de cinq années à Bastia. Qu'il me soit donc permis d'adresser à ces collègues si obligeants, et en particulier à Mme Réné Lenormand, dont la correspondance m'est encore des plus précieuses, l'expression de ma vive gratitude pour les services qu'ils m'ont rendus avec le plus grand empressement. Mes nombreuses recherches sur les rivages de la Corse ne seront pas tout à fait stériles, et je ne tarderai pas, d'un autre côté, à distribuer mes *exsiccata* corses aux amis de la Phycologie française, trop heureux si je peux contribuer, à mon tour, à répandre le goût et l'étude d'une science qui offre tant d'attrait et d'agréables distractions !

Perpignan, juillet 1873.

SECT. I. FUCOIDÉES Agardh.
(Mélanospermées Harvey.)

FAM. I. Fucacées Ag.

Gén. 1. **Sargassum** Ag.

1. **S. salicifolium** Bory, *Flor. Pélop.*, n° 1739.—J. Agardh, *Algæ maris Medit. et Adriat.*, pag. 53 ; S. *vulgare* Agardh, *Spec. alg.*, pag. 3.

Hab. : Crevasses des rochers à 2-4 mètres de profondeur : Minelli et Toga, près de Bastia. Cette espèce produit rarement des *Aérocysties* sur les rivages de la Corse. Assez rare de mars à mai.

Area geogr. : Méditerranée et Adriatique.

2. **S. linifolium** Ag., *Sp. alg.*, I, pag. 18 ; J. Agardh, *Alg. Medit. et Adriat.*, pag. 53 ; *Fucus acinarius* Gmelin, *Hist. fuc.*, 99.

Hab. : Rejeté en abondance, après les coups de mer, sur les roches extérieures du nouveau port de Bastia. Mars et avril.

Ar. geog. : Médit. et Adriat.

Gen. 2. **Halerica** Kutzing.

3. **H. amentacea** Kutzing, *Species algarum*, pag. 594 ; *Cystoceira ericoides*, var. *amentacea* Ag. *Spec.* ; *C. amentacea* Bory; J. Ag., *Alg., Medit. et Adriat.*, pag. 47.

Hab. : Les eaux tranquilles, sur les rochers presque au niveau de la mer ; nouveau port de Bastia, où il est très-abondant. Fruct. en avril et mai.

Ar. geog. : Médit. et Adriat.

Gen. 3. **Cystosyra** Ag.

4. **C. discors** Ag., *Spec. alg.*, pag. 62; J. Ag., *Alg. Medit. et Adriat.*, pag. 51.

Hab. : Petites flaques, dans le creux des rochers au niveau de la mer. Octobre et novembre, à Minelli, Toga, dans l'anse Saint-Nicolas. Rare.

Ar. geog. : Océan Atlantique sur les côtes de France et d'Angleterre ; Méditerranée et Adriatique.

5. **C. crinita** Duby, *Bot. gall.*, II, pag. 936 ; J. Ag., *Alg. Medit. et Adriat.*, pag. 49; *Fucus crinitus* Desfont., *Flor. Atlant.*, 425.

Hab. : Flaques d'eau, dans le creux des rochers, au niveau de la mer; anse Saint-Nicolas, de décembre à février. Rare.

Ar. geog. : Médit.

FAM. II, DICTYOTÉES Lamouroux.

Gen. 4. **Halyseris** Ag.

6. **H. polypodioides** Ag., *Spec.* 1. 147 ; J. Ag., *Alg. Medit. et Adr.*, pag. 36.

Fucus polypodioides Lamouroux, *Dissert.*, pag. 32. Moris *stirp. Sard. elench.*, III, pag. 25.

Hab. : Sur les parois des rochers, dans les eaux tranquilles et à l'abri de la lumière. Anse Saint-Nicolas, le nouveau port de Bastia, anse Saint-Joseph. Comm. de septembre à janvier.

Ar. geog. : Océan Atlantique (côtes de France et mer du Nord);
Médit. et Adriat.

Gen. 5. **Padina** ADANSON.
(Zonaria AG., *ex parte*.)

7. **P. pavonia** GAILLON, *Résumé thal.*, pag. 25; J. AG., *Alg.
Med. et Adr.*, pag. 39 ; MORIS ET DE NOTARIS, *Flor. Caprar.*, 199 ;
Zonaria pavonia AG., *Sp.*, I, 125 ; *Fucus pavonius* LIN.

Hab.: Sur les roches recouvertes de sable, dans les eaux tranquilles et à peu de profondeur; sur toute la côte de Bastia, de
mai à août.

Ar. geog.: Médit., Adriat.: Mer Rouge ; Océan Atl. (France,
Anglet., Espagne) ; Oc. Indien et Mer de Chine.

Le *Padina pavonia* est une espèce dont l'aire d'extension est
des plus étendues. Je l'ai rencontrée, en 1860, sur les rivages de
la presqu'île de Tché-Fou, dans le N. de la Chine, à l'entrée du
golfe de Pe-tchi-ly.

Gen. 6. **Spatoglossum** KUTZ.

8. **S. Solieri** KUTZ., *Phyc. gen.*, pag. 340, et *Spec. alg.*, pag.
560 ; *Dictyota Solieri* CHAUVIN, *Mém. Acad. Norm.*; J. AG., *Alg.
Medit.*, pag. 37.

Hab.: Rivages de la Corse (MONTAGNE, *ex* AG.); fort rare à
Bastia, et trouvé seulement rejeté sur la plage à Toga, après les
coups de mer.

Ar. geog.: Médit. (côtes de la Provence).

9. **S. Spanneri** MENEGHINI, *Atti del congresso Ital.* 1841; KUTZ.,
Spec., 560.

Hab.: Rencontré deux fois sur la plage, dans l'anse Saint-
Nicolas.

Ar. geog.: Médit. et Adriat.

Gen. 7. **Taônia** J. AG.

10. **T. atomaria** J. AG., *Spec. alg.*, 92 ; *Dictyota atomaria*
J. AG., *Alg. Medit. et Adriat.*, pag. 37: *Stypodium atomarium*
KUTZ., *Spec.*, 563.

Hab. : Sur les rochers submergés, au niveau de la mer ; les eaux tranquilles à l'abri des rayons solaires. Commun dans l'anse Saint-Nicolas, en août et septembre.

Obs. — La plante de Bastia se rapporte assez bien à la variété *B* de Kutzing, ainsi caractérisée : *Phyllomate subdichotomo, segmentis anguste linearibus*. Cette variété se trouverait exclusivement dans la Médit. et l'Adriat.

Ar. geog. : Le type, Océan Atlant. (Antilles, côtes de France et d'Angleterre) ; la var. *B*, Médit. et Adriat.

Gen. 8. Dictyota LAMOUROUX.

11. D. dichotoma LAMOUROUX. — GRÉVILLE, *Alg. brit.*, tab. 10; MORIS et DE NOT., *Flor. Capr.*, pag. 199 ; *Zonaria dichotoma* AG., *Spec.*, I, 133 ; *Dictyota vulgaris* et *D. dichotoma* KUTZ., *Sp.*, 554.

Hab. : Les creux des rochers, dans les eaux tranquilles et un peu obscures. Commun dans l'anse Saint-Nicolas, octobre à décembre.

Var. β. *Linearis* GRÉY. ; AG., *Sp.* 134 ; J. AG., *Alg. Medit. et Adriat.*, pag. 37.

Hab. : Mêmes lieux que le type, dont il est très-facile de le distinguer.

Ar. geog. : Médit. et Adriat. ; Océan Atlant. depuis la Norwége jusqu'à la région tropicale ; Océan Austral sur les côtes d'Amérique ; Nouvelle-Zélande.

12. D. implexa LAMOUR. — DELILE, *Flor. Ægypt.*, tab. 56; J. AG., *Alg. Medit. et Adriat.*, pag. 37 ; *D. dichotoma*, var. *implexa* LEJOLIS, *Alg. de Cherbourg*, 98 ; *D. dichotoma*, var. *intricata* HARVEY, *Phyc. Brit.*, pag. 103.

Hab. : Sur les rochers recouverts de sable, dans les petites flaques peu profondes et les eaux tranquilles, au niveau de la mer. Très-abondant d'avril à juin dans l'anse Saint-Nicolas.

Ar. geog. : Médit. et Adriat. ; Mer Rouge ; Océan Atlant. sur les côtes de France et d'Angleterre.

13. D. fasciola LAMOUROUX. — J. AGARDH, *Alg. Medit. et Adr.*,

pag. 37 ; KUTZ., *Spec. alg.*, 555 ; *Zonaria fasciola* AG., *Syst.* I, 136.

Hab.: Les creux des rochers presque au niveau de la mer, dans l'anse Saint-Nicolas. Cette espèce est fort rare à Bastia. Les échantillons que j'y ai rencontrés ont été rigoureusement déterminés par mon excellent ami R. Lenormand.

Ar. geog.: Médit. et Adriat.

14. **D. repens** J. AGARDH, *Algæ maris Medit. et Adriat.*, 38 ; KUTZ., *Spec. alg.*, 551.

Hab.: Rejeté sur la plage de Bastia après les forts coups de mer. Avril. Les échantillons récoltés ont été nommés par M. Lenormand.

Ar. geog.: Médit., à Saint-Hospice, près de Nice (AGARDH).

Gen. 9. **Asperococcus** LAMOUROUX.

15. **A. sinuosus** BORY. — J. AG., *Alg. Medit. et Adriat.*, pag. 40; *Encœlium sinuosum* AG., *Sp.*, 412; KUTZ., *Spec. alg.*, 552.

Hab.: Sur les roches à fond vaseux, un peu au-dessous du niveau de la mer, dans les eaux tranquilles et exposées au soleil. Très-abondant sur les roches dans l'anse Saint-Nicolas, de juillet à octobre.

Ar. geog.: Médit., Adriat.; Océan Indien (Golfe Persique et Nouvelle-Hollande).

16. **A. bullosus** LAMOUR., *Essai*, pag. 62 ; J. AG., *Alg. Medit. et Adriat.*, pag. 41 ; MORIS et DE NOT., *Flor. Caprar.*, pag. 200 ; *Encœlium bullosum* AG., *Spec.*, I, pag. 146.

Hab.: Sur les rochers dans les petites flaques d'eau au niveau de la mer. Comm. dans l'anse Saint-Nicolas, en avril et mai.

Ar. geog.: Médit. et Adriat.; Océan Atlant. (côtes de France et d'Angleterre) ; Océan Austral.

Gen. 10. **Phycolapathum** KUTZING.

17. **Ph. debile** KUTZ., *Phyc. gen.*, Tab. 24, et *Spec. alg.*, pag. 483; *Punctaria latifolia* GRÉV., *Alg. brit.*; J. AG., *Alg. Medit. et Adriat.*, 41.

Hab.: Trouvé une seule fois sur la plage, à Toga. Mai.

Ar. geog.: Médit. et Adriat.; Océan Atlant. (côtes de France et d'Angleterre).

FAM. III. CHORDARIÉES Ag.

Gen. 11. **Chorda** Stackhouse.

18. Ch. lomentaria Lyngbye, *Hydroph.*, pag. 74; J. Ag., *Alg. Medit. et Adriat.*, pag. 45; Montagne, *Crypt. Alger.*, pag. 34; *Chorda filum*, var. *lomentaria* Kutz., *Spec.*, 548.

Hab. : Sur les pierres et les rochers submergés et exposés aux courants d'eau; dans les cavités peu profondes de l'anse Saint-Nicolas. Se retrouve à Toga et à Minelli, etc. Mai.

Ar. geog. : Méditerranée; Iles Aukland.

Gen. 12. **Liebmannia** J. Ag.

19. L. Leveillei J. Ag. *Alg. Medit. et Adriat.* p. 34; Ag. *Syst.* I, p. 61; Leiolis, *Algues de Cherbourg*, 86; *Mesoglœa vermicularis* Agardh, *Syst. alg.*, p. 51; Moris et de Not., *Flor. Caprar.*, p. 215; var. *A australis* Kutzing, *Spec. alg.*, 545; *Mesoglœa mediterranea* J. Ag. *ex* Kutzing.

Hab. : Sur les rochers, dans les flaques d'eau peu profondes. Anse Saint-Nicolas, Minelli, etc. Comm. en juin et juillet.

Ar. geog. : Médit.; Adriat.; Oc. Atlant. (côtes de France).

Gen. 12. **Mesoglœa** Ag.

20. M. Zosteræ Areschoug *Alg. Scand.* 67; *M. vermicularis*, var. β. *Zosteræ* Kutz., *Spec. Alg.*, 545; *Miriocladia zosteræ* J. Ag. *Alg. Medit. et Adr.*

Hab. : Parasite sur les feuilles du *Posidonia Caulini* (*Zostera Oceanica* L.), dans les crevasses des rochers peu profondes, et où l'eau est tranquille et exposée au soleil. Assez commun dans l'anse Saint-Nicolas, en juin et juillet.

Ar. geog. : Médit. et Adriat.; Océan Atlantique.

Gen. 14. **Myrionema** GREVILLE.

21. **M. vulgare** THURET, *mss. in* LEJOLIS, *Algues de Cherbourg*
n° 82 ; *M. strangulans, M. laculiforme* et *M. punctiforme* AUCT.,
teste LEJOLIS.

M. Lejolis observe que le *M. vulgare* a été divisé en plusieurs espèces, suivant l'apparence que cette plante offre à
l'œil nu. Mais, si on l'examine avec un fort grossissement, on re-
connaît qu'il n'existe aucune différence dans la structure et la
fructification de ces prétendues espèces. Ainsi, quand le *Myrionema* se développe sur les Ulvacées filamenteuses (*Enteromorpha
intestinalis, compressa,* etc.), il forme un bourrelet autour du
tube de la plante. C'est alors le *M. strangulans* GREV. Sur les
ulves à frondes planes ce même *Myrionema* forme des taches
orbiculaires et devient le *M. maculiforme* KUTZ. (THURET *in*
LEJOLIS, *loc. cit.*)

Le *Myrionema*, le plus répandu sur le littoral de la Corse croît
sur l'*Enteromorpha compressa*, et serait, d'après l'observation
précédente, la forme *strangulans* du *M. vulgare*.

Hab. : Flaques d'eau tranquille, sur les rochers, presque au
niveau de la mer. Abondant pendant tout l'été à Minelli, Toga,
anse Saint-Nicolas, etc.

Ar. geog. : Médit. et Adriat. ; Océan Atlantique (côtes de
France).

FAM. IV. ECTOCARPÉES AGARDH.

Gen. 15. **Cladostephus** AG.

22. **Cl. myriophyllum** AG., *Spec. alg.*, II, pag. 10 ; J. AG. *Alg.
Med. et Adriat.*, pag. 30 ; MORIS et DE NOTAR,, *Flor. Caprar.*, pag.
205 ; *Cl. verticillatus* LYNGBYE ; LEJOLIS, *Algues de Cherbourg*, 81.

Hab. : Sur les pierres et les rochers des rivages non abrités.
Anse Saint-Joseph, où il est très-abondant, de janvier à mars.

Ar. geog. : Médit. et Adriat. ; Océan Atlantique (côtes de France
et d'Angleterre).

Gen. 16. **Sphacelaria** Lyngbye.

23. **Sph. tribuloides** Meneghini *Lett. al* Corinaldi, pag. 2; J. Ag., *Alg. Médit. et Adriat.*, pag. 28 ; Decaisne, *Plantes de l'Arabie* , pag. 127 ; *Sph. Novæ-Hollandiæ*, Sonder (1845).

Hab.: Dans les petites flaques et les creux des rochers exposés au soleil, et dont l'eau est violemment renouvelée par les vagues. Comm. à Minelli, Toga et dans l'anse Saint-Nicolas, pendant tout l'été.

Ar. geog.: Médit. et Adriat.; Golfe arabique; mer du Mexique et rivages de la Nouvelle-Hollande.

Gen. 17. **Stypocaulon** Kutz.

24. **St. scoparium** Kutz. *Phyc. gen.* 293, et *Spec. alg.*, 466; *Sphacelaria scoparia* Lyngbye, *Hydroph. Dan.*, pag. 31 ; Moris et de Not., *Flor. Capr.*, pag. 206; J. Ag., *Alg. Médit.*, pag. 29 :

J. Agardh distingue deux formes de cette espèce, et qui sont très-répandues sur les rivages de la Corse :

F. A. *Hyemalis* Ag. (*Sphacelari adisticha* Lyngb). — Ag., *Sp.* 2, pag. 26) ainsi caractérisée : *ramis ramulisque distiche pinnatis, patentibus.*

F. B. *Æstivalis* (*Sph. scoparia* Ag.), *ramis fasciculatis, bipinnatis, confertissime adpressis.*

Hab.: Rochers à fond sablonneux, au-dessous du niveau de a mer. — Comm. toute l'année à Minelli, Toga, anses Saint-Nicolas et Saint-Joseph.

Ar. geog.: Médit. et Adriat.; Océan Atlantique (rivages de toute l'Europe) ; archipel des Canaries.

Gen. 18. **Halopteris** Kutzing.

25. **H. filicina** Kutz., *Phyc. gen.* 292, et *Spec. alg.*, 462; *Sphacelaria filicina*, Ag., *Spec.* 2, pag. 22; J. Ag. *Alg. Médit. et Adriat.*, pag. 30.

Hab.: Souvent rejeté sur la plage après les coups de mer. Septembre.

Ar. geog.: Médit. et Adriat.; Océan Atlantique.

Gen. 19. **Ectocarpus** LYNGBYE.

26. E. fasciculatus HARVEY, *Phyc. brit.*, pag. 40. KUTZING *Spec. alg.*, 451; J. AG., *Alg. Medit. et Adriat.*, 22; LEJOLIS, *Alg. Cherb.* 76.

« *E.* cespite in fasciculos contorto majori, rufo olivaceo;
» trichomatibus primariis crassiusculis pellucidis, ramis paten-
» tibus, ramulis terminalibus crebris corymbose congestis et
» fasciculatis, penicillatisque; articulis diametro æqualibus,
» rarius duplo longioribus » (Kutz.).

Hab. : Croît sur quelques algues, principalement sur le *Clado-phora pellucida*. Petites flaques d'eau au niveau de la mer; anse Saint-Nicolas. Rare.

Ar. geog. : Méditerranée (rivages de la Corse et de la Provence); Océan Atlant. (côtes de France et d'Angleterre).

27. E. siliculosus LYNGBYE, *Tent. hyd. Dan.*, tab. 43; AG., *Spec. alg.*, pag. 37; *Ect. confervoides* ROTH, *Cat. bot.*, I, 151 (1797), sub. *Ceramio.* — LEJOLIS, *Alg. Cherb.*, 75.

Hab.: Sur plusieurs petites algues, et aussi le *Zostera marina*. Rare, dans l'anse Saint-Nicolas. Juin.

Ar. geog. : Médit.; Océan Atlant. (côtes de l'Europe).

28. E. cæspitulus J. AG., *Alg. Medit. et Adriat.*, pag. 26; Kutz., *Sp. alg.*, pag. 455.

Hab. : Anse Saint-Nicolas, parasite sur les frondes du *Cisto-sira amentacea*. Très-commun en juin et juillet.

Ar. geog. : Méditerranée (Marseille, Fréjus, Nice et la Corse).

BIBLIOTHÈQUE NATIONALE R.F. IMPRIMÉS.

2

SECT. II. FLORIDÉES Agardh.

(Rhodospermées Harv.)

FAM. V. RHODOMÉLACÉES Ag.

Gen. 20. **Dictyomenia** Grév.

29. **D. volubilis** Grév.—J. Ag., *Alg. Méd. et Adriat.*, 146.— *Rhodomela volubilis* Ag., *Spec.* I, pag. 374.— *Volubilaria mediterranea* Bory, *Flor. Morée.*—Moris et de Not., *Flor. Caprar.*, 196; *Fucus volubilis* Linn.

Hab.: Sur les souches du *Posidonia Caulini*, à de grandes profondeurs. Rejeté souvent sur la plage après les violents coups de mer; en mars et avril.

Ar. geog.: Médit., Adriat. et Mer Noire.

Gen. 21. **Acanthophora** Lamouroux.

30. **A. Delilei** Lam., *Essai thal.*, 44; J. Ag., *Alg. Med. et Adriat.*, 147; *Fucus Najadiformis* Delile, *Flor. Ægypt.*, 148.

Hab.: Sur les rochers du littoral, presque au niveau de la mer. Plage Saint-Nicolas, à Bastia. C. en mai.

Ar. geog.: Médit., Mer Rouge et Mer Noire.

Gen. 22. **Halopithys** Kutz.

31. **H. pinastroïdes** Kutz., *Spec. alg.*, 840 ; *Rytiphlæa pinastroïdes* Ag., *Spec. alg.*—J. Ag., *Alg. Medit. et Adriat.*, 145; *Rhodomela pinastroïdes* Ag., *Spec.*, I, 381.

Hab.: Les creux des rochers exposés au soleil, à peu de profondeur. — C. en mai et juin. Anse Saint-Nicolas.

Ar. geog.: Médit. et Adriat. ; Océan Atlant. (côtes de France et d'Angleterre); Océan Indien.

Gen. 23. **Rytiphlæa** Ag.

32. **R. tinctoria** Ag., *Syst. alg.*, 30 ; et *Spec. alg.*, 2, pag. 52 ; J. Ag., *Alg. Medit.*, 145 ; Moris et de Not., *Flor. Capr.*, 207; *Fucus tinctorius* Clemente, *Ensayo*, 136 ; *F. purpureus* Esp. — Bertol., *Hist. fuc. Lig.*

Hab. : Sur les rochers immergés et exposés au soleil, et presqu'à fleur d'eau. Anse Saint-Nicolas. — C. pendant tout l'été.

Ar. geog. : Médit. et Adriat.; Mer Rouge ; Océan Atlantique (côtes de l'Amérique méridionale).

Obs. — Cette algue, mise à macérer dans l'eau douce, lui communique rapidement une magnifique couleur pourpre carminée, qui pourrait trouver une utile application dans l'art de la teinture. La teinte pourpre dont il est question se rapproche, par le ton de la couleur, de celle connue des anciens sous le nom de *Pourpre de Tyr*, et que ceux-ci assuraient obtenir d'un mollusque gastéropode du genre *Murex*. Ce *Rytiphlæa tinctoria* ne peut être que le *Fucus marinus* de Mathiole (*Commentaires sur Dioscoride*, 2ᵉ partie, pag. 480, in-folio, éd. 1583), et dont les habitants de l'île de Crète se servaient autrefois pour teindre en pourpre leurs vêtements extérieurs. G. Bauhin, dans son *Pinax theatri bot.*, sect. 4, pag. 363 (1623), parle aussi d'une algue qui croît sur les rivages de la Crète, et qui servait à teindre les ceintures, la laine et les vêtements. G. Bauhin la décrit ainsi : *Muscus maritimus* (nᵒ 4) *tenuissime dissectus ruber; an fucus, sive alga tinctoria.*

Gen. 24. **Alsidium** Ag.

33. **A. corallinum** Ag., *Icon. alg. Eur.*, nᵒ 9; J. Ag., *Alg. Médit. et Adriat.*, 147 ; Kutz., *Spec. alg.*, 843 ; Moris et de Notaris, *Flor. Caprar.*, 196.

Hab. : Sur les pierres, les rochers, dans les eaux tranquilles et presqu'au niveau de la mer. Rare dans l'anse Saint-Nicolas. Été.

Ar. geog. : Médit. et Adriatique.

34. **A. helminthocorton** Kutz., *Phyc. gen.*, tab. 45, fig. 2, et *Spec. alg.*, 844 ; *Sphærococcus helminthocorton* Ag., *Spec.* I, 315 ; *Gigartina helminthocorton* Lamouroux; *Gracilaria helminthocorton* J. Ag., *Alg. Médit.*, 152 ; *Helminthocorton officinale* Link.

« A. phycomate cæspitoso tereti repente, setaceo et ultra, irre-
» gulariter et vage ramoso, ramis intricatis sub dichotomis. »
(Kutz.)

Hab. : Sur les rochers, dans les golfes abrités, et un peu au-dessous du niveau de la mer. — C. dans le golfe d'Ajaccio.

Ar. geog. : Médit. (la Corse et les côtes de la Provence) ;
Adriat. (rivages de la Dalmatie et de l'archipel Grec).

Obs. — L'*Alsidium helminthocorton* constitue le médicament vermifuge que, depuis près d'un siècle, on désigne du nom impropre de *Mousse
de Corse.* Les propriétés médicinales de cette algue étaient connues
depuis un temps immémorial des habitants des rivages de la Grèce, et
ce fut un médecin corse appartenant à la colonie grecque d'Ajaccio,
le Dr STEPHANOPOLI, qui a rencontré le premier l'*Helminthocorton* sur
les rochers au bord de la mer, dans le golfe d'Ajaccio. Le Dr Stephanopoli a publié un long Mémoire sur cette algue, en 1778, dans sa
Relation d'un voyage en Grèce, et depuis cette époque le nom de *Mousse
de Corse* était acquis à cette plante marine.

Schwendimann (*De Helminthocorti historia, natura, viribus.* 1780),
et deux ans après, Latourette (*Dissert. botanique sur l'algue nommée
improprement* Mousse de Corse), ont, chacun de son côté, fait connaître les propriétés vermifuges de cette algue, que l'on remplace
aujourd'hui sans inconvénients, soit par le *Gelidium corneum*, soit
par la *Corallina officinalis* ou autres espèces d'algues marines.

Gen. 25. **Digenea** Ag.

35. **D. simplex** Ag., *Spec. alg.*, I, 388; J. Ag., *Alg. Medit.*, 147;
Digenea Wulfeni Kutz., *Spec. alg.*, 841.

Hab. : Les crevasses des rochers, à plusieurs mètres de profondeur. Rencontré fréquemment sur la plage, après les coups de
mer.

Ar. geog. : Médit. et Adriat. ; Mer Rouge ; Océan Indien et
Océan Atlant. (côtes du Brésil).

Gen. 26. **Polysiphonia** Gréville.

36. **P.** (*Calliptera* Kutz.) **pinnulata** Kutz., *Phyc. gen.*, 416, et
Spec. alg., 803.

Hab. : Rochers submergés un peu au-dessous du niveau de la
mer ; anse Saint-Joseph. Rare en échantillons fructifères. Décembre et janvier.

Ar. geog. : Médit. (côtes d'Italie, la Corse).

37. **P.** *(Herposiphonia)* **obscura** J. AG., *Alg. Medit. et Adriat.*, 123; HARV. *Phyc. brit.*; LEJOLIS, *Alg. de Cherbourg.*

Hab. : Sur les rochers battus par les vagues, au niveau de la mer. Anse Saint-Joseph. — C. d'octobre à février.

Var. b. : *Ascendens* (*Polysiphonia*) *ascendens* Crouan, *Alg. Finist.*, n° 303.

Hab. : Mêmes lieux que le type, mais beaucoup plus rare.

Ar. geog. : Médit., Adriat. ; Oc. Atl.

38. **P.** *(Herposiphonia)* **phleborrhiza** KUTZ., *Phyc. gen.*, 419, et *Spec. alg.*, 808.

« Repens, ultra setacea, atro-purpurea, radiculis elongatis fine »peltatis, pelta pulcherrime radiatim venosa ; ramis intricatis » parce ramulosis, ramulis elongatis divaricatis supremis ad-» pressis, penicillatis, articulis primariis diametro duplo ramulo-» rum, triplo brevioribus, 15 siphoneis. » (Kutz.)

Hab. : Rejeté sur la plage dans l'anse Saint-Joseph, en avril et mai. R.

Ar. geog. : Méd. (Corse, KUTZING, O. DEBEAUX).

39. **P.** (*Cælosiphonia*) **sertularioides** GRATELOUP, *Descript.* n° 4, sub. *Ceramio*, in *Appendice* ; *Dissert. sur la constitut. de l'été de 1806, Montpellier* (1806); *Hutchinsia roseola*, var. *Sertularioides* AG., *Spec. alg.*, II, 93. (Test. Cl. BORNET et LENORMAND !); *Polysiphonia subtilis* DE NOT., *Alg. mar. Lig.*, tab. 4, f. 10 ; J. AG., *Alg. Medit.*, pag. 128 ; *P. funicularis* MENEGHINI.

Hab. : Les rochers exposés aux vagues, dans l'anse Saint-Joseph. — C. de septembre à janvier. Anse Saint-Nicolas. R. en avril et mai.

Ar. geog. : Médit., Adriat. ; Oc. Atlant. (côtes de France et d'Angleterre).

OBS. — Le *P. sertularioides* est l'une des algues dont la détermination présente le plus de difficultés, à cause de l'excessive variabilité de cette espèce, selon sa station et l'époque de la récolte. A l'état jeune, elle se rapproche beaucoup du *P. lithophila* Kutz. Dans un âge plus avancé, et vivant sur les rochers à peine submergés dans les eaux tranquilles de l'anse Saint-Nicolas, il est presque impossible de le séparer du *P. funicularis* Men. (*P. badia*, var. *funicularis* Kutz.) Mes échantillons recueillis avec les fructifications doivent être rapportés au *P. sertularioides* Grat. (*nom princeps*), ainsi caractérisé par AGARDH :

« Cæspite hemisphærico, filis a basi articulatis subdichotomis ra-
» misque minoribus obsitis, ramis patentibus sparsioribus vagis aut
» subpenicillatis articulis 4 siphoneis, primariorum diametro 2-4 plo,
» ramorum duplo longioribus aut æqualibus ; sphærosporis in ramulis
» torulosis longe seriatis, keramidiis pedicellatis urceolatis. »

40. **P.** (*Botryoclonia*) **fruticulosa** SPRENGEL, *Syst.* 4, I, 350 ; J. AG., *Spec. alg.*, II, 1028 ; MORIS et DE NOT., *Flor. Capr.*, 207 ; *Hutchinsia fruticulosa* AG., *Syst.*, pag. 158 ; *Fucus fruticulosus* WULF.

Hab. : Flaques dans le creux des rochers. Anse Saint-Nicolas, où cette espèce abonde de mai à juillet.

Ar. geog. : Médit. et Adriat., Oc. Atlant. (côtes de France et d'Angleterre).

FAM. VI. LAURENCIACÉES AG.

(Chondriées AG. — KUTZ. ex parte)

(Rhodomélées LEJOLIS ex parte)

Gen. 27. **Laurencia** LAMOUROUX.

41. **L. obtusa** LAMOUR., *Essai*, pag. 42 ; *Chondria obtusa* AG., *Spec.* 310 ; J. AG., *Alg. Med.*, 114.

Hab. : Les creux des rochers dans les eaux tranquilles. Anse Saint-Nicolas. — C. en mai et juin.

Ar. geog. : Médit. et Adriat. ; Oc. Atlant. (côtes du Brésil), Cap de Bonne-Espérance ; Oc. Indien et le Pacifique.

OBS. — Une forme naine de cette espèce se rencontre rarement, sur les feuilles du *Posidonia Caulini*, dans l'anse Saint-Nicolas, à Bastia.

42. **L. gelatinosa** LAMOUR., *Ess.*, pag. 42 ; *Chondria obtusa*, var. *gracilis* AG. ; *Laurencia obtusa*, var. *gracilis* J. AG., *Alg. Med. et Adr.*, 114.

Hab. : Sur les rochers de l'anse Saint-Nicolas, à très-peu de

profondeur. — C. d'avril à juin. Rade de Porto-Vecchio (E. RÉVE-
LIÈRE).

Ar. geog. : Médit. et Adriat.

43. **L. papillosa** GREV. — J. AG., *Alg. Medit.*, 115; *Chondria
papillosa* AG., *Spec.*, 344.

Hab. : Sur la plage Saint-Nicolas, après les coups de mer.
Rare. Mai et juin.

Ar. geog. : Médit., Adriat.; Mer Rouge; Oc. Austral.

44. **L. pinnatifida** LAMOUR., *Essai*, pag. 42, J. AG., *Alg. Medit.*,
114; MORIS et DE NOT., *Flor. Caprar.*, 195; *Chondria pinnatifida*
AG., *Spec.*, 337.

Hab. : Rochers de l'anse Saint-Nicolas, à peu de profondeur.
Mai. Rare.

Ar. geog. : Médit., Adriat.; Oc. Atlant.; Oc. Pacif. et Austral.

Gen. 28. **Lomentaria** LYNGBYE.
(Chylocladia GREV. ex parte)

45. **L. kaliformis** GAILLON. — KUTZ., *Spec. alg.*, 862; *Chylocladia kaliformis* GREV., *Alg. Brit.*, 119; J. AG., *Alg. Medit.*, 111.

Hab. : Sur les souches du *Posidonia* et les rochers à peu de
profondeur. Anse Saint-Nicolas, Minelli, Griggione, Erba-Longa,
au cap Corse.

La var. *Monilifera* LENORMAND *in Herb.* se trouve sur la plage,
après les coups de mer.

Ar. geog. : Médit., Adriat.; Oc. Atlant.

46. **L. squarrosa** KUTZING, *Phyc. gen.*, 440; *Chylocladia squarrosa* LEJOLIS, *Alg. de Cherb.*, 142; *Ch. kaliformis*, var. *squarrosa*
HARV., *Phyc. Brit.*

Hab. : Les flaques, dans les creux des rochers. Anse Saint-
Nicolas, Griggione, etc. — C. en mars et avril.

OBS. — J'ai rencontré une seule fois sur les frondes du *Cladophora
prolifera* une charmante variété de cette espèce, que je rapporte au
L. kaliformis, var. *tenella* CROUAN, *Alg. du Finist.*, n° 271.

Ar. geog. : Médit., Adriat.; Oc. Atlant.

Gen. 29. **Gastroclonium** Kutz.

47. **G. uvaria** Kutz., *Phyc. gen.*, 441 ; *Chondria uvaria* Ag., *Spec.*, 347 ; *Chrysymenia uvaria* J. Ag., *Alg. Medit.*, 106.

Hab. : Sur les parois des rochers abrités de la lumière, dans les eaux tranquilles. Saint-Nicolas, Saint-Joseph, à Bastia. Minelli.— R. en juin.

Ar. geog. : Médit. et Adriat. ; Oc. Atlant. (sur les côtes d'Afrique).

48. **G. salicornia** Kutz., *Phyc. gen.*, 441 ; *Chylocladia mediterranea* J. Ag., *Alg. Medit.*, 112.

Hab. : Sur les rochers exposés au soleil et à plus basse mer. Anse Saint-Nicolas.— R. mai.

Ar. geog. : Médit. et Adriat.

FAM. VII. CORALLINÉES Kutz.

Gen. 30. **Corallina** Tournefort.

49. **C. officinalis** Ellis et Soland., *Essai sur les Corallines*, pag. 118 ; Lamour., *Polypiers flexibles*, 283 ; Kutz., *Spec. alg.*, 705.

Hab. : Sur les parois de toutes les roches submergées à peu de profondeur. Partout, sur le littoral de la Corse. — De juin à novembre.

Ar. geog. : Médit. et Adriat. ; Oc. Atlant. et Oc. Pacifique.

50. **C. squammata** Ellis et Soland., pag. 117. Ellis *Corall.*, pag. 63 ; Lamx, *Polyp. flexibles*, 287 ; Kutz., *Spec. alg.*, 706.

Hab. : Mêmes lieux que le précédent, mais beaucoup plus rare.

Ar. geog. : Médit. et Adriat.

Gen. 31. **Jania** Lamouroux.

51. **J. rubens** Lamouroux, *Polyp. flexibles*, pag. 272 ; Kutz., *Spec. alg.*, 709 ; *Corallina rubens* Ellis et Soland, pag. 123 ; Ellis ; *Corall.*, pag. 64.

Hab. : Avec le *Corallina officinalis*, et tout aussi commun. De juin à novembre.

Ar. geog. : Médit. , Adriat ; Oc. Atlant. (côtes d'Europe et d'Amérique).

52. J. corniculata Lamx., *Polyp. flexibles*, pag. 274; Kutz., *Spec.* 710; *Corallina corniculata* Ellis et Soland, pag. 127.

Hab. : Avec le précédent, mais rare.

Ar. geog. : Médit. et Adriat. ; Oc. Atlant. (côtes de l'Europe septentrionale).

Gen. 32. **Amphiroa** Lamouroux.

53. A. rigida Lamour. , *Polyp. flexibles* , pag. 297; Kutz., *Spec. alg.*, 701.

Hab. : Sur les rochers exposés au soleil, et presqu'à fleur d'eau. Anse Saint-Nicolas. — C. en septembre.

Ar. geog. : Médit. et Adriat.

Gen. 33. **Melobesia** Lamour.

54. M. pustulata Lamx., *Pol. flex.*, 315; Kutz., *Spec. alg.*, 696.

Hab. : Parasite sur diverses algues marines, et principalement sur les frondes du *Peyssonellia squamaria* et les feuilles du *Zostera marina*. Très-commun sur tout le littoral corse.

Ar. geog. : Médit. et Adriat ; Oc. Atlant.

Gen. 34. **Spongites** Kutz.

55. S. incrustans Kutz., *Polyp. calc.*, 31 ; et *Spec. alg.*, 698; *Lithophyllum incrustans* Philippi.—Ellis, *Corall.*, tab. 27.

Hab. : Sur les souches des grandes algues et du *Posidonia Caulini*. Sur les pierres et les cailloux au bord de la mer.

Ar. geog. : Médit.

FAM. VIII. SPHÆROCOCCOIDÉES Kutz.

(Délessériées Kutz. ex parte)

Gen. 35. **Aglaophyllum** Montagne

56. A. occellatum Kutz., *Phyc. gen.*, 443; *Delesseria occellata* Lamour. — *Nitophyllum occellatum* Grev. — J. Ag., *Alg. Medit. et Adriat.*, 156.

Hab. : Sur les petites algues, et principalement sur le *Gelidium corneum*, dans les eaux tranquilles de l'anse Saint-Nicolas et de Saint-Joseph. C. d'avril à octobre.

Ar. geog. : Médit., Adriat.; Oc. Atlant.

Obs. — Par sa coloration d'un rouge pourpre et la disposition de ses frondes, l'*Aglaophyllum occellatum* est l'algue la plus élégante des environs de Bastia.

Gen. 36. **Cryptopleura** Kutz.

57. C. lacerata Kutz., *Phyc. gen.*, 444; *Nitophyllum laceratum* Grev. — J. Ag., *Alg. Medit.*, 156; *Delesseria lacerata* Ag., *Sp.* I, 184; *Halymenia lacerata* Duby. — Moris et de Not., *Flor. Capr.*, 198.

Hab. : Rejeté sur la plage après les coups de mer.

Ar. geog. : Médit., Adriat.; Oc. Atlant. (côtes de l'Europe septentrionale).

FAM. IX. GÉLIDIÉES Kutz.

Gen. 37. **Acrocarpus** Kutz.

58. A. lubricus Kutz., *Phyc. gen.*, 405, et *Spec. alg.*, 761; *Sphærococcus lubricus* Kutz.

Hab. : Sur les rochers exposés aux vagues, à Minelli, Saint-Joseph, etc. — C. en septembre et octobre.

Ar. geog. : Médit. et Adriat.

59. A. crinalis Kutz., *Phyc. gen.*, 405; *Sphærococcus corneus,* var. *crinalis* Ag., *Spec.*, I, 288. — *Gelidium crinale* Gaillon, *Rés. thalass.*, pag. 15. — Moris et de Not., *Flor. Caprar.*, pag. 195.

Hab. : Avec le précédent, et tout aussi commun. — De juillet à novembre.

Ar. geog. : Médit. et Adriat.

Gen. 38. **Echinocaulon** Kutz.

60. **E. hispidum** Kutz., *Phyc. gen.*, 405; et *Spec. alg.*, 762; *Gelidium histryx* Zanardini.

Hab. : Sur les grosses souches des *Cistosira*, de 4 à 6 mètres de profondeur. Rejeté souvent sur la plage, en septembre et octobre.

Ar. geog. : Médit. et Adriat.

Gen. 39. **Gelidium** Lamour.

61. **G. corneum** Lamour., *Essai thal.*, 41; J. Ag., *Alg. Médit.*, 102 ; Kutz., *Spec.*, 764.

Hab : Sur les rochers à fleur d'eau, dans l'anse Saint-Nicolas. — C. de juin à octobre.

Ar. geog. : Médit., Adriat. ; Oc. Atlant.

Le *Gelidium corneum* est une espèce qui varie beaucoup. Les principales formes que j'ai recueillies à Bastia sont les suivantes :

Var. B. *capillaceum* Montagne, *Flor. Alger. crypt.*, 105 ; *Fucus capillaceus* Gmel.

Se trouve avec le précédent et paraît être spécial au bassin de la Méditerranée.

Var. C. *clavifer* Kutz., *Sp.*, 765. *Gelidum clavatum* Lamour., *Essai*, pag., 129 ; Moris et de Not., *Flor. Capr.*, 194.

Cette variété se rencontre sur les roches exposées aux vagues, à Saint-Joseph, près de Bastia, et à Minelli. Son *area* géographique s'étend dans le bassin de la Méditerranée et dans l'Océan Atlantique, sur les côtes de France et d'Angleterre.

Gen. 40. **Hypnæa** Lamour.

62. **H. musciformis** Lamx., *Essai thalass.*, 43 ; J. Ag., *Alg. Médit.*, 150 ; Moris et de Not., *Flor. Caprar.*, 193 ; *Sphærococcus musciformis* Ag., *Spec. alg.*, I, 326.

Hab. : Très-abondant dans l'anse Saint-Nicolas, sur tous les rochers au niveau de la mer. — Juillet à octobre.

Ar. geog. : Médit., Adriat. ; Oc. Atlant. ; Oc. Indien et le Pacifique.

63. H. Rissoana J. Ag., *Alg. Medit.*, 150 ; Kutz., *Spec. alg.*, 758.

Hab. : Les flaques d'eau tranquille et les rochers à fond de sable. —Juillet et août, dans l'anse Saint-Nicolas. Rare.

Ar. geog. : Médit. et Adriat.

FAM. X. SQUAMARIÉES Harvey.

Gen. 41. Peyssonellia Decaisne

64. P. squamaria Decaisne, *Plant. Arab.*, 141 ; Kutz., *Spec. Alg.*, 693 ; J. Ag., *Alg. Medit.*, 93 ; *Zonaria squamaria* Ag., *Spec.*, 131 ; *Padina squamaria* Lamour. — Moris et de Not., *Flor. Caprar.*, 199.

Hab. : Très-commun sur les souches mortes des *Zostera* et *Posidonia*, à Minelli, Toga, Saint-Nicolas, etc. — Octobre à janvier.

Ar. geog. : Médit., Adriat. ; Oc. Atlant.

FAM. XI. HELMINTHOCLADIÉES Harvey.

(Liagorées Kutz. ex parte).

(Halyméniées Kutz. ex parte).

Gen. 42. Liagora Lamour.

65. L. versicolor Lamour., *Polyp. Flex.*, 237 ; *L. complanata* Ag., *Spec. alg.*, 396.

Hab. : Sur les roches exposées aux vagues, à quelques mètres de profondeur. Saint-Joseph, au-dessous de la citadelle.— C. août et septembre.

Ar. geog. : Médit. et Adriat.

66. L. viscida. Ag., *Spec. alg.*, I. 395 ; Moris et de Not., *Flor. Caprar.*, 193. *Liagora ceranoides* Lamour., *Polyp. Flex.*, 239 ; *Fucus viscidus* Forsk., *Fl. Ægypt.-Arab.*, 198.

Hab.: Sur les rochers submergés et battus par les vagues, dans l'anse Saint-Joseph. — C. de juin à septembre.

Ar. geog.: Médit., Adriat. ; Mer Rouge ; Oc. Indien et Nouvelle-Hollande.

67. **L. distenta** LAMOUR., *Polyp. Flex.*, 237 ; KUTZ., *Sp.*, 538 ; *Fucus lichenoides* DESFONT., *Flor Atl.*, 427.

Cette espèce, difficile à distinguer du *L. viscida*, se reconnaîtra à sa taille quatre à cinq fois plus considérable, ses frondes très-rameuses, à rameaux lâchement dichotomes et espacés, et à la teinte uniformément blanchâtre de toutes ses parties.

Hab.: Trouvé plusieurs fois sur la plage à Griggione près de Bastia.

Ar. geog.: Médit.; Nouvelle-Hollande.

Gen. 43. **Ginnania** MONTAGNÉ.

68. **G. furcellata** MONT., *Flor. Canar. crypt.*, 162 ; KUTZ., *Spec. alg.*, 715 ; *Halymenia furcellata* AG., *Spec. alg.*, 212 ; J. AG., *Alg. Medit.*, 98 ; *Dumontia triquetra* LAMOUR., *Essai thal.*, pag., 45.

Hab.: Rejeté fréquemment sur la plage après les coups de mer.

Ar. geog.: Médit., Adriat. ; Océan Atlant. (côtes de l'Europe et de l'Afrique australe) ; Oc. Pacif.

Gen. 44. **Nemalion** TARG-TOZ.

69. **N. lubricum** DUBY., *Bot. gall.*, II., 959 ; *Chordaria nemalion.* AG., *Spec. alg.* I, 167 ; *Mesogloia Bertolonii* MORIS et DE NOT., *Flor. Caprar.*, 215 ; *Fucus Nemalion* BERTOL., *Amen. ital.*, 300.

Hab.: Sur les rochers à fleur d'eau dans l'anse Saint-Nicolas. — C. en avril et mai.

Ar. geog.: Médit., Adriat. ; Oc. Atlant.

FAM. XII. RHODYMENIACÉES Harvey.

(Délessériées Ag. ex parte)
(Plocamiées et Sphærococcoïdées Kutz.)

Gen. 45. **Plocamium** Lamour.

70. **P. coccineum.** J. Ag., *Spec. alg.*, 395; *Plocamium vulgare* Lamour., *Essai thal.*, 50; J. Ag., *Alg. Medit.*, 155; *Delesseria plocamium* Agardh., *Spec.*, I. 180.

Var. β. *Mediterraneum* Meneghini in *Giorn. botan.* (1844).

Hab.: Sur diverses petites algues et les roches peu profondes, dans l'anse Saint-Joseph. — Rare.

Ar. geog. : Médit. et Adriat.

Gen. 46. **Rhodophyllis** Kutz.

71. **Rh. bifida** Kutz., in *Bot. Zeit.* (1847); J. Ag., *Spec. alg.*, II, 388; *Rhodomenia bifida* Grev., *Alg. Brit.*, 85; J. Ag., *Alg. Medit.*, 153.

Hab.: Sur les petites algues, dans les crevasses des rochers, au niveau de la mer. Anse Saint-Joseph. — Rare.

La forme à frondes très-étroites est la seule que j'ai rencontrée dans cette localité.

Ar. geog. : Médit., Adriat.; Oc. Atlant.

Gen. 47. **Rhodomenia** Greville.

72. **Rh. palmetta** Grev., *Alg. Brit.*, 84. *Sphærococcus palmetta* Ag., *Spec.*, 245.

Var. *Nicæensis* J. Ag., *Alg. Medit.*, 153; *Halymenia Nicæensis* Lamour. — Moris et de Not., *Flor. Capr.*, 197.

Hab.: Les crevasses des rochers exposés à l'action des vagues, mais abrités de la lumière. Anse Saint-Joseph, Saint-Nicolas, Minelli. — C. en septembre et octobre.

Le *Rhodymenia palmetta* atteint de grandes dimensions dans l'Océan Atlantique, et varie beaucoup de forme, selon les localités. Cette espèce n'est représentée sur le littoral corse que par la forme *Nicæensis*, qui a été également observée sur les côtes de l'île Capraia, de la Provence, de l'Italie, de l'Algérie, etc.

Ar. geog. : Médit. et Adriat.

FAM. XIII. SPYRIDIÉES HARVEY.

(Céramiées AG. ex parte)

(Callithamniées KUTZ. ex parte)

Gen. 48. **Spyridia** HARVEY.

73. S. filamentosa HARV., in HOOK., *Alg. Brit.*, V, 336 ; J. AG. *Alg. Medit.*, 79 ; *Ceramium filamentosum* AG.

Hab. : Toutes les flaques d'eau au niveau de la mer et exposées au soleil. Minelli, Toga, anse Saint-Nicolas. — G. de juillet à septembre.

Ar. geog. : Médit., Adriat. ; Oc. Atlant. (Europe et Antilles).

FAM. XIV. CRYPTONÉMIACÉES HARVEY.

S.-TRIBU I. GIGARTINÉES HARV.

Gen. 49. **Phyllophora** GREV.

74. Ph. nervosa GREV., *Alg. Brit.*, 135 ; AG., *Spec. alg.*, 236 ; J. AG., *Alg. Medit.*, 94 ; *Halymenia nervosa* DUBY. — MORIS et DE NOT., *Flor. Caprar.*, 198.

Hab. : Rejeté souvent sur la plage après les coups de mer. — Septembre.

Ar. géog. : Médit. et Adriat.

Gen. 50. **Gigartina** LAMOUR.

75. G. acicularis LAMOUR., *Essai thal.*, 49 ; J. AG., *Alg. Medit.*, 105 ; *Sphærococcus acicularis* AG., *Spec.* — *Fucus acicularis* WULF.

Hab. : Sur les rochers à fleur d'eau et abrités de l'action des vagues. Anse Saint-Nicolas et Saint-Joseph, Minelli, Griggione, etc. — Fructifie en décembre.

Ar. geog. : Médit., Adriat. ; Oc. Atlant. (côtes de France et d'Angleterre).

S.-Tribu II. Cryptonémiées Harv.

Gen. 51. **Euhymenia** Kutz.

76. **E. lactuca** Kutz., *Phyc. gen.*, 400; *Cryptonemia lactuca* J. Ag., *Alg. Medit.*, 100; *Fucus lomation* Bertol, in *Amen. ital.*, 289.

Hab. : Les crevasses des rochers, parmi les corallines à 2-3 mètres de profondeur. — Rejeté rarement sur la plage. — En septembre.

Ar. geog. : Médit., Adriat. ; Oc. Atlant.

Gen. 52. **Chrysymenia** J. Ag.

77. **Ch. clavellosa**. — J. Ag. *Alg. Medit. et Adriat.*, 105 ; *Chondria clavellosa* Ag., *Spec. alg.*, 353; *Chylocladia clavellosa* Grev. — *Chondrothamnion clavellosum* Kutz., *Spec. alg.*, 859. — *Lomentaria clavellosa* Lejolis, *Alg. de Cherbourg*, 132.

Hab. . Les petites flaques d'eau tranquille, sur les roches et à plus basse mer. Anse Saint-Nicolas. — C. en avril et mai.

Ar. geog. Médit., Adriat. ; Oc. Atlant.

Cen. 53. **Grateloupia** Ag.

78. **G. Filicina** Ag., *Spec. alg.*, I, 223; J. Ag., *Alg. Medit.*, 103; *Halymenia filicina* Lamour. — Moris et de Not., *Flor. Caprar.*, 197.

Hab. : Sur les rochers à peine recouverts par les lames, dans l'anse Sant-Nicolas. — C. mai et juin,

Ar. geog. : Médit. et Adriat. ; Oc. Atlant. ; Cap de Bonne-Espér. ; Mer de Chine (Cap Schan-tong, O. Debeaux, 1860).

79. **G. verruculosa** Grev., *Alg. Brit.* — J. Ag., *Alg. Medit.*, 103 ; *Sphærococcus verruculosus* Ag., *Spec. alg.* I, 266 ; *Halymenia verruculosa* Duby, *Bot. gall.*, 942 ; Moris et de Not., *Flor. Caprar*, 197.

Hab. : Sur tous les rochers à peine recouverts par la mer, et exposés au soleil. — Anse Saint-Nicolas, Minelli, Miomo, Griggione, La Vezzina, et tout le cap Corse. — C. en avril et mai.

Ar. geog. : Médit. et Adriat.

Gen. 54. **Nemastoma** J. Ag.

80. **N. dichotoma** J. Ag., *Alg. Medit.*, 91; *Gymnophlæa dichotoma* Kutz., *Spec. alg.*, 711.

Hab.: Au milieu des Zoophytes et des Spongiaires, dans les fissures de rochers, à quelques mètres de profondeur. — Rejeté rarement sur la plage.

Ar. geog.: Médit. et Adriat.

FAM. XV. CÉRAMIÉES Kutz.

S.-Tribu I. Céramiées Harvey.

Gen. 55. **Ceramium** Adanson.

81. **C. rubrum** Ag., *Syn.*, pag. 6, et *Spec.*, 146; J. Ag., *Alg. Medit.*, 81; Moris et de Not., *Flor. Caprar.*, 210; Kutz., *Spec. Alg.*, 635.

Hab.: Sur les rochers exposés à l'action des vagues et sur diverses algues. — Anse Saint-Joseph, où cette espèce est fort rare.

Ar. geog.: Médit., Adriat.; Oc. Atlant.

82. **C. diaphanum** Ag., *Sp. alg.*; 150; J. Ag., *Alg. Medit.* et *Adriat.* 81; Moris et de Not., *Flor. Caprar.*, 211; *Echinoceras diaphanum*, Kutz., *Spec. alg.*, 681 (*Ceramium ciliatum*. Auct. Anglor. ex Kutzing).

Hab.: Sur diverses algues et les roches dans l'anse Saint-Joseph. — R. Rejeté sur la plage de Bastia en avril et mai.

Ar. geog.: Médit., Adriat.; Oc. Atlant. (côtes d'Angleterre).

83. **C. ciliatum** Ducluzeau, *Essai sur l'hist. nat. conferv.*, 64; Ag., *Spec.*, 153; J. Ag., *Alg. Medit.*, 81; Moris et de Not., *Flor. Caprar.*, 210; *Echinoceras ciliatum*, Kutz., *Spec.*, 680.

Hab.: Sur tous les rochers battus par les vagues, et au niveau de la mer. — C. de mai à septembre dans l'anse Saint-Joseph.

Ar. geog.: Médit. et Adriat.

84. **C. echionotum** J. Ag., *Advers.*, pag. 27; Ag., *Spec. alg.*,

II, 131 ; Lejolis, *Alg. de Cherb.*, 120 ; *Acanthoceras echionotum*
Kutz., *Spec. alg.*, 684.

Hab. : Sur les algues et les rochers, dans les eaux tranquilles
de l'anse Saint-Nicolas, Saint-Joseph, etc.

Ar. geog. : Médit., Adriat. ; Oc. Atlantique.

85. **C. patens** Meneghini, *Giorn. bot.* (1841); Kutz., *Spec. alg.*,
677.

Hab. : Sur les rochers au niveau de la mer, dans l'anse Saint-
Nicolas. — R. en mai et juin.

Ar. géog. : Médit. et Adriat.

S.-Tribu II. Callithamniées Harvey.

Gen. 56. **Callithamnion** Lyngb.

86. **C. gracillimum** Ag., *Spec. alg.*, II, 268 ; Kutz., *Sp. alg.*,
644 ; *Ceramium gracillimum* Ag.

Hab. : Sur les rochers à peine submergés, et recouverts sans
cesse par les lames. Anse Saint-Joseph. — C. en septembre.

Ar. geogr. : Médit., Adriat. ; Oc. Atlant.

87. **C. granulatum** Ag., *Spec.*, II, 177 ; J. Ag., *Alg. Medit.*,
74 ; Moris et de Not., *Flor. Capr.*, 211 ; *Phlebothamnion granulatum* Kutz., *Spec.*, 658 ; *Ceramium granulatum* Ducluz.,
Ess. sur l'hist. natur. conf., 72 ; *C. Grateloupi* Duby.

Hab. : Sur les pierres et les rochers à peine submergés et
exposés au soleil. Anse Saint-Nicolas. — C. en mai et juin.

Ar. geog. : Médit. et Adriat.

Gen. 57. **Antithamnion** Nægele.

88. **A. cruciatum** Ag., in *Bot. Zeit.*, 1827 ; Lejolis, *Alg. de
Cherb.*, 111 ; *Callithamnion cruciatum* Ag., *Spec.*, II, 160 ; J.
Ag., *Alg. Medit.*, 70.

Hab. : Sur les rochers et les petites algues au niveau de la
mer, dans les eaux tranquilles. Anse Saint-Nicolas. — C. en mars
et avril.

Ar. geog. : Médit., Adriat. ; Oc. Atlant.

Gen. 58. **Griffithsia** Ag.

89. **G. irregularis** Ag., *Spec.*, 130; J. Ag., *Alg. Medit.*, 75; Kutz., *Spec. alg.*, 660.

Hab.: Les fissures des rochers à l'abri de la lumière et de l'action des vagues. Anse Saint-Joseph.— Fruct. c. en octobre et novembre.

Cette espèce, dont la détermination exacte est due à M. R. Lenormand, croît dans la localité indiquée, en société des *Plocamium coccineum, Nitophyllum occellatum* et *Rhodomenia Nicæensis*. Malgré mes recherches, je n'ai pu rencontrer les *Griffithsia secundiflora* J. Ag., et *G. corallina*, qui abondent dans plusieurs localités des côtes de France et d'Italie.

Ar. géog.: Médit. et Adriat.

SECT. III. ZOOSPERMÉES Ag.
(Chlorospermées Harv.)

FAM. XVI. SIPHONACÉES Grev.
(Caulerpées Montagne ex parte.)
(Codiées Kutz. ex parte.)
(Vauchériées Kutz. ex parte.)
(Bryopsidées Lejolis ex parte.)

Gen. 59. **Caulerpa** Lamour.

90. **C. prolifera** Lamour., in *Journ. bot.*, II, 143 (1809).— J. Ag., *Alg. Medit.*, 24; *Phyllerpa prolifera* Kutz., *Sp.*, 494; *Ulva prolifera* Dec., *Fl. Fr.*, pag. 5; *Fucus prolifer* Forsk., *Flor. Ægypt.-Arab.*, 193.

Hab.: Les grands ports de la Méditerranée, Marseille, Toulon, Gênes, Livourne; Golfe d'Ajaccio (1868!), et probablement bientôt le nouveau port de Bastia.

Ar. geog.: Médit.; Océan Atlant. (Amérique tropicale); Oc. Austral.

Gen. 60. **Halimeda** LAMOUR.

91. **H. Tuna** LAMOUR., *Exp. méth. polyp.*, p. 27; KUTZ., *Spéc. alg.*, 504; *Halimeda opuntia* LAMOUR., *Hist. polyp.*, 309; MORIS et DE NOT. *Flor. Capr.*, 202; *Flabellaria tuna* LAMARK, *Ann. mus.*, 20,302; *Fucus sertolara* BERTOL., in *Amœn. ital.*, 316.

Hab. : Sur les rochers exposés au soleil, et presque au niveau de la mer, parmi les corallines. — Anse Saint-Nicolas, Minelli, Griggione, etc. Rare dans toutes ces localités. — Juillet.

Ar. geog. : Médit., Adriat.

Gen. 61. **Udotea** LAMOUR.

92. **U. Desfontainii** DECAISNE., in *Nouv. Ann. sc. nat.*, XVIII, p. 106; KUTZ., *Spec.*, 503; *Flabellaria Desfontainii* LAMOUR., *Essai thalass.*, 58; MORIS et DE NOT., *Flor. Caprar.*, 202; *Codium flabelliforme* AG., *Spec.*, 455; *Conferva flabelliformis* DESFONT., *Fl. Atl.*, 430.

Hab. : Sur les souches mortes du *Posidonia Caulini*, et les crevasses des rochers de 1 à 4 mètres de profondeur. — C. dans l'anse Saint-Nicolas, de septembre à janvier.

Ar. geog. : Médit. et Adriat.

Gen. 62. **Codium.** AG.

93. **C. tomentosum** AG., *Spec. alg.* 1,451; J. AG., *Alg. Medit.*, 23; *Spongodium tomentosum* LAMOUR., *Essai thalass.*, pag. 73; MORIS et DE NOT., *Flor. Caprar.*, 203; *Ulva tomentosa* DEC., *Fl. Fr.* II, pag. 6.

Hab. : Sur les rochers à fond de sable, dans les eaux tranquilles, et à plusieurs mètres de profondeur. — C. dans l'anse Saint-Nicolas, Minelli, Griggione, etc., de septembre à janvier.

Ar. geog. : Médit. et Adriat.; Oc. Atlant. (Cap de Bonne-Esp.); Oc. Pacif.; Oc. Austral (Nouvelle-Hollande); Mer de Chine. (O. DEBEAUX, 1860.)

94. **C. elongatum** AG., *Spec.* 454; KUTZ., *Sp. alg.*, 501; MONTAGNE, *Flor. Alg. crypt.*, 49.

Hab: Mêmes lieux que le précédent. — C. dans le nouveau port de Bastia, en décembre et janvier.

Ar. geog. : Médit., Adriat. ; Océan Atlant. (Cap de Bonne-Espérance ; Golfe du Mexique).

95. **C. adhærens** AG.. *Sp.* 457 ; J. AG., *Alg. Medit.*, 22 ; KUTZ., *Sp. alg.*, 502 ; *Spongodium adhærens* DUBY, *Bot. gall.*, II, 59 ; *Codium difforme* KUTZ., *Phyc. gen.*, 300.

Hab. : Sur les souches mortes des *Posidonia*, dans l'anse Saint-Nicolas, à 2-5 mètres de profondeur. — C. d'octobre à janvier.

Ar. geog. : Médit., Adriat. ; Océan Atl. (côtes de France, d'Angleterre, du Brésil) ; Golfe Arabique ; Oc. Austral (îles Aukland).

96. **C. bursa** AG., *Sp.* 457 ; J. AG., *Alg. Medit.*, 72 ; KUTZ., *Sp. alg.*, 502 ; *Spongodium bursa* LAMOUR., *Essai thalass.*, pag. 73 ; *Lamarkia bursa* OLIVI, *Zool. Adr.*, 258.

Hab. : Mêmes lieux que le précédent. — C. Rejeté fréquemment sur la plage, de novembre à février, après les violents coups de mer.

J'ai trouvé plusieurs fois des individus de cette espèce mesurant de 10 à 15 centimètres de diamètre.

Ar. geog. : Médit., Adriat. ; Océan Atlant. (côtes de France, d'Espagne et d'Angleterre).

Gen. 63. **Derbesia** SOLIER.

97. **D. marina** SOLIER, in *Revue botanique*, pag. 152 (1846) ; LEJOLIS, *Alg. de Cherb.*, 66 ; *Vaucheria marina* LYNGB., *Bryopsis tenuissima* MORIS et DE NOT., *Flor. Caprar.*, 203 ; J. AG., *Alg. Medit.*, 18.

Hab. : Sur les petites algues, les pierres et les rochers, dans les eaux tranquilles, et au niveau de la mer. — Anse Saint-Nicolas. Minelli, etc. Rare de décembre à février.

Ar. geog. : Médit., Adriat. ; Oc. Atlant. (côtes de France et des îles Féroë).

Gen. 64. **Bryopsis** LAMOUR.

98. **B. Balbisiana** LAMOUR., *Essai thal.*, pag. 66 ; J. AG., pag. 19.

Var. *A Lamourouxii*, J. AG. (*loc. cit.*); KUTZ., *Sp. alg.*, 490 ; *Derbesia Lamourouxii* SOLIER; *Bryopsis simplex* MENEGHINI.

Var. *B disticha* J. AG. (*loc. cit.*); KUTZ., *Sp. alg.*, 491.

Hab. : Parois des rochers exposés à l'action des vagues, et au niveau de la mer: anse Saint-Nicolas, Minelli, etc.

La var. *A Lamourouxii* est beaucoup plus abondante que la var. *B* dans ces localités. — Septembre à décembre.

Ar. geog. : Médit. et Adriat.

99. **B. muscosa** LAMOUR., in *Bullet. philom.*, et in *Essai thal.*, 282 ; AG. *Sp. alg.*, VII, pag. 450, et *Syst. alg.*, 179 ; MORIS et DE NOT., *Flor. Caprar.*, 203 ; J. AG., *Alg. Med.*, 20.

Hab. : Rochers à l'entrée de l'ancien port de Bastia. Jetée du Dragon. C.

Ar. geog. : Médit. et Adriat.

FAM. XVII. DASYCLADÉES HARVEY.

(Valoniées AG. ex parte.)

Gen. 65. **Acetabularia** LAMOUR.

100. **A. Mediterranea** LAMOUR., *Polyp. flex.*, pag. 252 ; KUTZ., *Spec. alg.*, 510 ; MORIS et DE NOT., *Flor. Caprar.*, 202 ; *Corallina acetabulum* CAVAN.; *Olivia Androsace* BERTOLONI, *Spec. Zooph.*, in *Amœn. ital.*, pag. 278.

Hab. : Parmi les corallines et les spongiaires, dans les crevasses de rochers. Plage de Griggione ; rare. Rade de Porto-Vecchio. — C. en août et septembre.

Ar. geog. : Médit. et Adriat.

FAM. XVIII. VALONIACÉES Kutz.

(Anadyoménées Kutz. ex parte.)

Gen. 66. **Valonia** Ginnani

101. V. utricularis Ag., *Spec. alg.*, 1,431; J. Ag., *Alg. Medit.*, 23; Kutz., *Spec. alg.*, 507; *Conferva utricularis* Roth.

Hab.: Parois des rochers submergés, à l'abri de la lumière et de l'action des vagues, parmi les corallines et autres petites algues. Anses Saint-Joseph, Saint-Nicolas, Minelli, etc. Rare dans chaque localité. — Septembre et octobre.

Ar. geog.: Médit., Adriat.; Oc. Atl. (côtes d'Espagne).

Gen. 67. **Anadiomene** Lamour.

102. A. flabellata Lamour., *Polyp. flex.*, pag. 365; Kutz., *Spec alg.*, 511; *A. stellata* Ag., *Spec alg.*, 1, 400; J. Ag., *Alg. Medit.*, 24; *Ulva stellata* Wulf.

Hab.: Fissures des rochers, dans les eaux tranquilles et peu profondes. — Trouvé rarement sur la plage après les coups de mer.—Avril et mai.

Ar. geog.: Médit., Adriat.; Oc. Atl. (côtes du Brésil).

FAM. XIX. ULVACEES Ag.

(Porphyrées Kutz. ex parte.)
(Entéromorphées Kutz. ex parte.)

Gen. 68. **Porphyra** Ag.

103. P. laciniata Ag., *Syst.*, 190; Harvey, *Phyc. Brit.*; — Lejolis, *Alg. de Cherb.*, 99; Kutz., *Spec.*, 692; — *Ulva laciniata* Lightf.

Hab.: Rochers au bord de la mer. Jetée du Dragon et ancien port de Bastia. Anse Saint-Nicolas. — C, en avril et mai.

Ar. geog.: Médit., Adriat.; Oc. Atlant.

104. P. leucosticta Thuret, *Msc.*; Lejolis, *Alg. de Cherbourg*, 100; *P. vulgaris* Lloyd, *Alg. de l'Ouest*, n° 7; J. Ag., *Alg. Med.*, n° 46, pag. 17; *Erbar. critt. ital.*, n° 218.

Hab. : Rochers qui bordent la mer dans l'anse Saint-Nicolas. — C. en avril et mai.

Ar. geog. : Médit., Adriat. ; Oc. Atlant.

D'après M. Lejolis, les *Porphyra laciniata* et *leucosticta* sont faciles à distinguer sur le vivant. Dans le *P. laciniata*, la fronde est d'une consistance plus ferme et d'une couleur plus livide. Les jeunes individus que l'on trouve en hiver ont une forme linéaire (*P. linearis* Grev.), qui s'élargit à mesure que la saison s'avance. Le *P. leucosticta* se distingue par sa consistance plus molle, sa couleur plus vive et pourprée, sa fronde moins lobée et non linéaire, mais arrondie ou ovale dans les jeunes individus. Cette espèce croît sur les rochers, beaucoup plus près de la limite de la mer que le *P. laciniata*, et elle disparaît au printemps. Les *P. laciniata* et *leucosticta* sont les seules espèces que l'on rencontre dans la Méditerranée. Tout ce qui a été recueilli ou distribué sous le nom de *P. vulgaris* doit être rapporté à l'une ou l'autre de ces deux espèces. (Lejolis, *loc. cit.*)

Gen. 69. **Bangia** Lyngbye.

105. **B. lutea** J. Ag., *Alg. Medit.* et *Adr.*, pag. 14 ; Kutz., *Spec. alg.*, 359.

Hab. : Sur les rochers exposés au soleil et à l'action des vagues, à la limite de la mer. — Minelli, anse Saint-Nicolas, ancien port. — Assez répandu, mais rare partout.

Ar. geog. : Médit. (Marseille, Gênes, Livourne, etc.).

Gen. 70. **Enteromorpha** Link.

106. **E. intestinalis** Link., *Hor. phys. Berol.*, pag. 5 ; Kutz., *Spec. alg.*, 478 ; Moris et de Not., *Flor. Caprar.*, 261 ; *Solenia intestinalis* Ag., *Syst.*, pag. 185 ; *Ulva intestinalis* Lin., *Spec.* n° 1632 ; *U. enteromorpha*, var. *intestinalis* Lejolis, *Alg. de Cherb.*, 46.

Hab. : Croît en abondance dans toutes les flaques d'eau et sur tous les rochers à la limite de la mer, de juin à septembre.

Ar. geog. : Médit., Adriat.; Oc. Atlant. (côtes d'Europe et d'Amérique) ; Mer de Chine (O. DEBEAUX) et du Japon.

OBS. — L'*Enteromorpha intestinalis* se trouve également dans les eaux saumâtres de l'étang de Biguglia près de Bastia, et varie beaucoup de forme à mesure que l'étang se dessèche pendant l'été. Plusieurs de ces formes ont été décrites par Kutzing dans son *Species algarum*, et par M. Lejolis dans ses *Algues de Cherbourg*. La plus répandue autour de Bastia est la suivante :

Var. β *capillaris* KUTZ., *Spec. alg.*, 478; LEJOLIS, *Alg. de Cherb.*, 47.

On trouve fréquemment la var. *capillaris* tantôt fixée sur les pierres et les roches de l'anse Saint-Nicolas, et presqu'à la limite de la mer, tantôt parasite sur les feuilles du *Posidonia Caulini*. — Juillet et août.

Ar. geog. : Médit., Adriat., et Oc. Atlant.

107. **E. clathrata** GREV., *Alg. Brit.*, 181; J. AG., *Alg. Médit.*, 16; MORIS et DE NOT., *Flor. Caprar.*, 201; *Solenia clathrata* AG., *Syst.*, 186; *Ulva clathrata* AG., *Syn.*, 46.

Var. β *Rothiana* LEJOLIS, *Alg. de Cherb.*, n° 48, ainsi caractérisée:

« Frondibus intricatis, diffuso prostratis, interdum spinescentibus. »

Hab. : Sur les grosses pierres et la jetée du nouveau port Saint-Nicolas. — Septembre.

Ar. geog. : Médit., Adriat.; Oc. Atlant. et mer Baltique.

108. **E. compressa** GREV., *Alg. Brit.*, 180; *E. compressa* AUCT. GALL.; ex parte; *Ulva compressa* LIN., *Spec. plant.*, II, 1163; *Ulva enteromorpha*, var. *compressa* LEJOLIS, *Alg. mar. de Cherb.*, 44; *Enteromorpha complanata* KUTZ., *Spec.*, 480.

Hab. : Sur les pierres, les rochers, dans les petites flaques peu profondes, et à la limite de la mer. — Plage de Bastia, Minelli, Griggione, etc. — C. en septembre.

Ar. geog. : Médit., Adriat.; Oc. Atl. (côtes de toute l'Europe et d'Amérique) ; Oc. Pacifique; mer de Chine (cap Chan-tong. O. DEBEAUX, 1860).

Gen. 71. **Phycoseris** Kutz.

109. Ph. lanceolata Kutz., *Phyc. gen.*, 245.

Var. *crispata* Kutz., *Spec.*, 476; Lejolis, *Alg. mar. Cherb.*, 43; *Phycoseris crispata* Kutz., *loc. cit.*; *Enteromorpha Bertolonii* Montagne, *Crypt. Alg.*, n° 34; *Ulva Bertolonii* J. Ag., *Alg. Medit.*, 17.

Hab. : Sur les pierres, les rochers, et dans les flaques d'eau tranquille, presqu'au niveau de la mer. — C. sur tout le littoral de la Corse. Mai et juin.

Ar. geog. : Médit. et Adriat.

110. Ph. smaragdina Kutz., *Spec. alg.*, 476; *Ph. lanceolata* var. *smaragdina* Lejolis, *Alg. mar. Cherb.*, 43.

Hab. : Sur les rochers, dans les petites flaques et à très-basse mer, dans l'anse Saint-Nicolas. — C. de septembre à octobre.

Ar. geog. : Médit., Adriat.

Gen. 72. **Ulva** Lin.

111. U. lactuca Lin. ex parte; Lejolis, *Alg. mar. Cherb.*, 38; *U. latissima* Lin., ex parte.

Var. *A rigida* Ag. ; Lejolis, *loc. cit.*; *Ulva lactuca* Lin., *Spec. plant.*, II, 1163; *U. rigida* Ag., *Spec. Alg.*, I, 410; J. Ag., *Alg. Medit.*; 17. *U. latissima* Grev., *Alg. Brit.*, 171.

Hab. : Les eaux tranquilles de l'anse Saint-Nicolas, sur les pierres et les rochers, à quelques décimètres à peine de profondeur. — C. de juillet à décembre.

Ar. geog. : Médit., Adriat.; Oc. Atlant.

Var. *B latissima* Lejolis, *Alg. mar. Cherb.*; *Ulva latissima* Lin., *Sp.*, II, 1163; Ag., *Syn. alg. Scand.*, 41; Kutz., *Sp. alg.*, 474; Moris et de Not., *Flor. Capr.*, 200.

Hab. : Mêmes lieux que la variété *A*, et beaucoup plus abondante.

Ar. geog. : Médit., Adriat.; Oc. Atlant.

Var. *C myriotrema* Lejolis, *Alg. mar. de Cherb.*, 39 ; *Ulva myriotrema* Desmaz., *Plant. crypt.*, n° 852 ; *Phycoseris myriotrema* Lenormand *in* Kutz., *Spec.*, 477.

Hab. : Cette variété *myriotrema*, qui est très-commune sur les côtes de la Provence, se trouve quelquefois rejetée sur la plage de Bastia, après les coups de mer.

Ar. geog. : Médit., Adriat. ; Oc. Atlant.

Var. *D australis.* — *Phycoseris australis* Kutz., *Spec. Alg.*, 477 ; *Ph. australis*, var. *umbilicalis* Kutz. (*loc. cit.*) ; Ag., *Sp.*, 409 ; non *Ulva australis* Areschoug.

Hab. : Se trouve rarement sur la plage, après les violents coups de mer. — Septembre.

Ar. geog. : Médit. et Adriat.

Obs. — Sous le nom d'*Ulva lactuca* Lin., j'ai réuni, à l'exemple de M. Lejolis (*Alg. mar. de Cherb.*), les diverses formes de ce groupe que j'ai observées à Bastia. Ces formes sont bien tranchées dans la Méditerranée, et ne peuvent donner lieu à aucune confusion entre elles. M. Lejolis réunit à la var. *A rigida* la var. *D australis* (*Phycoseris australis* Kutz.). Celle-ci me paraît cependant bien distincte par sa fronde, qui est papyracée, transparente, très-fragile, et non subcornée, opaque, et par sa couleur devenant vert pâle après la dessiccation, tandis que la var. *rigida* prend une teinte d'un vert foncé presque noirâtre en se desséchant.

FAM. XX. CONFERVACÉES Ag.

(Confervées Kutz. ex parte.)

Gen. 73. **Cladophora** Kutz.

§ I. Marinæ

112. **Cl. prolifera** Kutz., *Spec. alg.*, 390. *Conferva prolifera* Ag., *Syst.*, 119 ; J. Ag., *Alg. Medit.*, 12.

Hab. : Les flaques d'eau tranquille, les creux des rochers un peu au-dessous du niveau de la mer. — Anse Saint-Nicolas, Minelli, Griggione, etc.

Ar. geog. : Médit. et Adriat.

113. **Cl. pellucida** Kutz., *Phyc. Germ.*, 208 ; Lejolis, *Alg. mar. Cherb.*, 63 ; *Conferva pellucida* Ag., *Syst.*, 120 ; J. Ag., *Alg. Med.*, 12.

Hab. : Avec l'espèce précédente, mais beaucoup plus rare. — Septembre.

Ar. geog. : Médit. (côtes de la Provence), Adriat. ; Oc. Atlant.

114. Cl. fuscescens Kutz., *Phyc. Germ.*, 210, et *Spec. alg.*, 394.

Hab. : Sur les rochers de la plage, à la limite de la mer. — Anse Saint-Nicolas. — R.

Ar. geog. : Médit., Adriat.

115. Cl. rupestris Kutz., *Phyc. gen.*, 270, et *Spec. alg.*, 366; Lejolis, *Alg. mar. Cherb.*, 63; *Conferva rupestris* Lin., — Ag., *Syst.*, 117.

Hab. : Les rochers granitiques battus par les vagues, à Grigione. — C. en août et septembre.

Ar. geog. : Médit., Adriat. ; Oc. Atlant. et mer Baltique.

116. Cl. hamosa Kutz., *Phyc. gen.*, 267, et *Spec. alg.*, 397; *Cl. refracta* Meneghini, an *Cl. hamifera* Zanard ?

Hab. : Sur les rochers à la limite de la mer, et les petites flaques dans l'anse Sain-Nicolas. — C. en juillet.

Ar. geog. : Médit., Adriat.

117. Cl. ramellosa Kutz., *Phyc. German.*, n° 211, et *Spec. alg.*, 400.

Hab. : Mêmes localités que l'espèce précédente. — Juin.

Ar. geog. : Médit. et Adriat.

Cette espèce, dont la détermination est due à M. René Lenormand, n'a été signalée jusqu'à présent que dans le golfe de Mola et le détroit de Constantinople (Kutzing).

118. Cl. lætè-virens Kutz., *Phyc. Germ.*, 214 ; *Conferva lætè-virens,* Dillwn.

Hab. : Rochers battus par les vagues, à la limite de la mer, dans l'anse Saint-Joseph. — C. de septembre à décembre.

Ar. geog. : Médit., Adriat.; Oc. Atlant.

119. Cl. sericea Kutz., *Phyc. Germ.*, 216, et *Spec. alg.*, 401; *Conferva sericea,* Ag., *Syst.*, 113 ; J. Ag., *Alg. Medit. et Adriat.*, 12.

Hab. : Sur les rochers et dans les flaques d'eau tranquille, au niveau de la mer.

Ar. geog. : Médit. (Marseille, Gênes, etc.), Adriat. ; Oc. Atlant.

120. Cl. **crystallina** Kutz., *Phyc. Germ.*, 213, et *Spec. alg.*, pag. 401 ; *Conferva crystallina* Roth, *Cat. bot.*, I., 196 ; Lyngb., *Tent. hydroph. dan.*, 155 ; Moris et de Not., *Flor. Capr.*, 213.

Hab. : Dans les petites flaques l'eau tranquille, et parasite sur plusieurs algues, les feuilles des *Zostera*. — Anse Saint-Nicolas. — C. en juin.

Ar. geog. : Médit., Adriat. ; Oc. Atlant. (mer Baltique).

121. Cl. **lutescens** Kutz., *Phyc. Germ.*, 214, et *Spec. alg.*, 403.

Hab. : Rochers exposés à l'action des vagues, à la limite de la mer. — Minelli près de Bastia. — C. en août.

Ar. geog. : Médit. (Marseille, Gênes), Adriat.

122. Cl. **glaucescens** Kutz., *Spec. alg.*, 403 ; Lejolis, *Alg. mar. Cherb.*, 60 ; *Conferva glaucescens* Griff ; *Cladophora pseudo-sericea* Crouan, *Alg. du Finistère*, 367.

Hab. : Dans les petites flaques d'eau exposée au soleil, parasite sur plusieurs algues. Anse Saint-Nicolas, Minelli. — C. juillet.

Ar. geog. : Médit., Adriat. ; Oc. Atlant.

123. Cl. **Rudolphiana** Harv., *Phyc. Brit.* ; Kutz., *Spec Alg.*, 404 ; *Conferva Rudolphiana* Ag. ; J. Ag., *Alg. Medit.*, 12.

Hab. : Parasite sur les feuilles du *Posidonia Caulini*, dans les flaques d'eau exposées au soleil. Anse Saint-Nicolas. — C. en juillet et août.

Ar. geog. : Médit., Adriat. ; Oc. Atlant.

124. Cl **plumula** Kutz., *Phyc. gen.*, n° 260, et *Spec. alg.*, 404 (*Teste clar.* R. Lenormand).

Hab. : Sur les rochers, dans les petites flaques d'eau, à basse mer. — Été.

Ar. geog. : Médit. et Adriat.

125. Cl. **nitida** Kutz., *Phyc. gen.*, 269, et *Spec. alg.*, 404 ; *Conferva nitida* Kutz.

Hab. : Sur les rochers, à la limite de la mer. — Anse Saint-Nicolas. — Rare.

Ar. geog. : Médit. et Adriat.

126. Cl. (*Ægagropila*) **membranacea** Kutz., *Spec. alg.*, 415; *Conferva membranacea* Ag., *Syst.*, pag. 120.

Hab. : Les fissures des rochers exposés au soleil, au-dessous de la limite de la mer. — Plage Saint-Nicolas, où cette espèce est très-abondante, surtout après les coups de mer. — Août et septembre.

Ar. geog. : Médit. (Corse); Océan Atlant. (Ténériffe, Antilles); Oc. Pacifique (îles Marquises).

Obs. — Le *Cladophora membranacea*, dont la détermination exacte est due à M. le Dr Bornet (d'Antibes), n'avait été trouvé jusqu'à présent que dans les mers chaudes des Canaries, des Antilles et des îles Marquises. Cette Algue ne tardera pas à être connue des botanistes, en ayant préparé plusieurs centaines d'échantillons destinés à diverses publications d'*exsiccata*.

Obs. — Ce n'est qu'avec doute que je signale la présence, sur le littoral de Bastia, du *Cl. arcta*. Kutz. Mes échantillons Corses, comparés avec des spécimens de cette Algue reçus de MM. Lebel et Lenormand, n'offrent avec eux la moindre différence. L'étude des Confervacées est d'ailleurs tellement hérissée de difficultés, qu'il devient à peu près impossible de déterminer ces Algues d'une manière rigoureuse à l'aide de livres descriptifs. La difficulté n'est pas moindre avec des échantillons authentiques servant aux études comparatives, car on sait que les Algues confervacées varient énormément selon leur âge, leur exposition au soleil ou à l'ombre, et même encore selon qu'elles vivent dans des eaux tranquilles ou battues par la mer. Les Confervacées du littoral de Bastia ont été examinées avec soin par les deux phycologistes déjà cités dans cette note, puis comparées avec des exemplaires provenant de la Méditerranée, et distribués par M. Derbès (de Marseille) et les collaborateurs à l'*Erbario crittogamico italiano*, publié à Gênes sous la direction de M. le professeur de Notaris. Leur détermination est donc aussi rigoureuse que possible.

J'ai recueilli sur les rochers de l'anse Saint-Nicolas, au mois de septembre 1869, une autre espèce de *Cladophora*, rapportée par M. Lenormand au *Cl. pectinata* Zanardini. Dans la crainte que cette dénomination ne soit qu'un synonyme d'un *Cladophora* décrit antérieurement, je me contente de signaler la présence de cette Algue à Bastia sous le numéro provisoire 126 *bis*.

§ II. Submarinæ, vel *aquæ dulcis*.

127. Cl. glomerata KUTZ., *Phyc. gen.*, 212, et *Spec.*, *alg.*, 425; *Conferva glomerata* LIN.

Hab.: Le ruisseau du Fango, à quelques mètres à peine de son embouchure dans l'anse Saint-Nicolas, sur les pierres et les cailloux. — Octobre et novembre.

Ar. geog.: Eaux douces et saumâtres de l'Europe.

Gen. 74. **Rhizoclonium** KUTZ.

128. Rh. salinum KUTZ., *Phyc. Germ.*, 205, et *Spec. alg.*, 384; LEJOLIS, *Alg. mar. de Cherb.*, 58; RABENH., *Alg. Eur. submar.*, 1416; *Zygnema littoreum* KUTZ., non LYNGB.

Hab.: Flottant au milieu de l'étang salé de Biguglia, et dans les canaux à eau saumâtre qui se déversent dans cet étang.

Ar. geog.: Eaux saumâtres de l'Europe.

129. Rh. fontanum KUTZ., *Phyc. gen.*, pag. 261, et *Spec. alg.*, 386.

Hab.: Dans une petite fontaine qui se déverse dans la mer à Minelli, et sur les roches maritimes où suinte l'eau douce dans la même localité.

Ar. geog.: Eaux douces de l'Europe. Corse, à Ajaccio (LEVEILLÉ, ex KUTZ.).

Gen. 75. **Chætomorpha** KUTZ.

130. Ch. tortuosa KUTZ., *Spec. alg.*, 376; *Conferva tortuosa* J. AG., *Alg. Medit.*, 12; *C. tortuosa* AG., *Syst. alg.*, 97; MORIS et DE NOT., *Flor. Capr.*, 213.

Rhizoclonium capillare KUTZ., *Bot. Zeit.* (1847).

Hab.: Rochers à Minelli, à la limite de la mer. Anse Saint-Nicolas. Rade de Porto-Vecchio. — Juillet.

Ar. geog.: Médit., Adriat.

131. Ch. linum KUTZ., *Phyc. Germ.*, 204, et *Spec.*, *alg.*, 378;

Conferva linum AG., *Syst.*, 97; J. AG., *Alg. Médit.*, 12; MORIS et DE NOT., *Flor. Capr.*, 213.

Hab. : Les eaux tranquilles dans l'anse Saint-Nicolas. Rejeté en abondance sur la plage après les coups de mer, en janvier et février.

Ar. geog. : Médit., Adriat.; Oc. Atlant. et Mer du Nord.

132. **Ch. ærea** KUTZ., *Spec. alg.*, 379; *Conferva ærea* DILLWN. *tab.* 80; AG., *Syst.*, pag. 100; J. AG., *Alg. Médit.*, 12.

Hab. : Sur les rochers, à la limite de la mer, et les petites flaques recouvertes par les lames. — C. à Minelli.

Ar. geog. : Méd., Adriat.; Oc. Atlant.

133. **Ch. crassa** KUTZ., *Spec. alg.*, 379; *Conferva crassa* AG., *Syst Alg.*, pag. 99; J. AG., *Alg. Médit.*, 12; *Conferva linum* HARVEY, *Phyc. Brit.*, non AG.

Hab. : Eaux tranquilles dans l'anse Saint-Nicolas. R. — Se trouve sur la plage après les coups de mer.

Ar. geog. : Médit., Adriat.; Oc. Atlant. et mer du Nord.

FAM. XXI. OSCILLARIÉES AG.
(Rivulariées HARV. ex parte)
(Leptotrichées et Lyngbyées KUTZ.)
Gen. 76. **Physactis** KUTZ.

134. **Ph. bullata** KUTZ., *Phyc. gén.*, 235, et *Sp. alg.*, 332. *Rivularia bullata* BERKELEY; J. AG., *Alg. Médit.*, 9; *Alcyonium bullatum* LAMOUR.

Hab. : Sur les rochers battus par les vagues, à la limite de la mer. — Minelli, Griggione. Très-commun d'août à octobre.

Ar. geog. : Médit., Adriat.; Oc. Atlant. (côtes de France et d'Angleterre).

Gen. 77. **Hypheotrix** KUTZ.

135. **H. scopulorum** KUTZ., *Sp. alg.*, 269, et *Phyc. gén.*, 229.

Hab. : Sur les rochers abandonnés par la mer pendant l'été, et sur lesquels il forme une espèce de croûte mucilagineuse d'une couleur vert-foncé. — Minelli. — Juillet et août.

Ar. geog. : Médit.

Obs. — Kutzing, dans son *Species algarum*, pag. 267, n° 4, décrit un *Hypheotrix Leveilleana* recueilli par Léveillé sur les plages sablonneuses de la Corse, et que je n'ai pas retrouvé. Je signale cette espèce à l'attention des phycologistes. Voici sa diagnose :

« *H.* Strato compacto, sordide fuscescente, subtus viridi ; trichomatibus interruptis et interrupte articulatis viridibus ; vaginis arctis achromaticis 1/1000.

» Ad oras sabulosas insulæ Corsicæ. »

Gen. 78. **Lyngbya** Ag.

136. **L. luteo-fusca** J. Ag., *Alg. Medit.*, 11 ; Lejolis, *Alg. mar. de Cherb.*, 28 ; Kutz., *Sp. alg.*, 282 ; *Calothrix luteo-fusca* Ag. ; *Leibleinia luteo-fusca* Kutz. ; *Phyc. gen.*, 221.

Hab. : Les fissures et les creux des rochers au niveau de la mer, dans l'anse Saint-Nicolas. Jetée du Dragon à l'entrée de l'ancien port de Bastia. — C. en septembre.

Ar. geog. : Médit., Adriat. ; Oc. Atlant.

137. **L. crispa** Ag., *Syst. alg.*, 74 ; J. Ag., *Alg. Medit.*, 11 ; *Oscillaria crispa* Ag. ; *O. littoralis* Harv., *Phyc. Brit.*

Hab. : Parasite sur plusieurs algues supérieures, mais flottant le plus souvent à la surface de la mer, dans les eaux de l'ancien et du nouveau port. Anse Saint-Nicolas. — C. en septembre et octobre.

Ar. geog. : Médit., Adriat. ; Oc. Atlant. (côtes de l'Europe).

138. **L. margaritacea** Kutz., *Phyc. gen.*, 226, et *Sp. alg.*, 283 ; *Calothrix recta* Kutz. (1836).

Hab. : Rejeté sur la plage après les coups de mer. Anse Saint-Nicolas. — Septembre.

Ar. geog. : Médit. (golfe de Naples).

Obs. — Cette espèce n'avait été indiquée jusqu'à présent que dans le golfe de Naples. Elle est certainement indigène sur le littoral de la Corse. Sa détermination exacte est due à M. le Dr Bornet.

Gen. 79. **Oscillaria** Bory.
(Oscillatoria Vaucher.)

139. **O. antliaria** Jurgens, *Dec.*, n° 14 ; Kutz., *Spec. alg.*, 241 ; *Oscillatoria autumnalis* Kutz., *Alg. aq. dulc.*, X, 94 ; *O. parietina* Vauch.

Hab.: Sur la terre humide, imprégnée d'eau salée, et les parois desséchées du ruisseau du Fango, à son embouchure dans la mer.

Cette espèce d'Oscillaire, que je mentionne ici à cause de son *habitat* voisin de la mer, me paraît se rapprocher très-bien de la variété *Phormidioides* Kutz. (*loc. cit.*); Rabenh., *Alg. aq. dulc.*, I, 101, d'après des échantillons reçus de R. Lenormand.

Ar. geog.: La région méditerranéenne et l'Europe centrale.

FAM. XXII. NOSTOCHINÉES. Ag.

Gen. 80. **Nostoc** Vaucher.

140. N. **verrucosum** Vauch. *Hist. des conferves*, tab. 16 ; Ag., *Syst.*, pag. 27 ; Rabenh., *Alg. aq. dulc.*, 2,176 ; *Tremella verrucosa* Lin., *Flor. suec.*, n° 94.

Hab.: Le torrent du Fango, à quelques pas de son embouchure dans la mer, à Bastia. — Avril et mai.

Ar. geog.: Toute l'Europe.

FAM. XXIII. DIATOMÉES Kutz.

Gen. 81. **Grammatophora** Ehremb.

141. G. **marina** Kutz., *Baccil.*, pag. 128, et *Spec. alg.*, 120; *Diatoma marinum* Lyngbye.

Hab.: Parasite sur plusieurs petites algues, dans les flaques, exposées au soleil, et à la limite de la mer. Rochers de l'anse Saint-Nicolas. — Septembre.

Ar. geog.: Médit., Adriat.; Oc. Atl. et Pacifique.

142. G. **serpentina** Kutz., *Baccillar.*, n° 129, et *Spec. alg.*, 121 ; *Gr. mediterranea* Ehremb. (1844).

Hab.: Flaques d'eau, dans les creux des rochers au-dessus du niveau de la mer. Parasite sur les *Cladophora*, Anse Saint-Nicolas. — Septembre.

Ar. geog.: Médit., Adriat.; Oc. Atl.

Gén. 82. **Rhipidophora** Kütz.

143. **Rh. dalmatica** Kütz., *Baccillar.*, pag. 121; *Spec. alg.*, 112.

Hab.: Eaux tranquilles de l'anse Saint-Nicolas. Parasite sur le *Chætomorpha linum*, à la limite de la mer. — C. en juin.

Ar. geog.: Médit., Adriat.; Oc. Atl.

Gén. 83. **Cocconeis** Ehremb.

144. **C. nigricans** Kütz., *Baccillar.*, pag. 72, et *Spec. alg.*, 51.

Hab.: Parasite sur presque tous les *Cladophora* du littoral, auxquels il communique une teinte fauve foncée. Anse Saint-Nicolas, Minelli. — Septembre et octobre.

Ar. geog.: Médit. et Adriat.

Obs. — Le *Raphoneis mediterranea* Gunn. in *Wien. Verh.* (1862), est indiqué par Rabenhorst dans sa *Flora Europæa Algar. aq. dulc.* I, 125, comme se trouvant *inter Algas ad littora insulæ Corsicæ*.

Je ne crois pas avoir rencontré cette espèce, qu'il me serait presque impossible de reconnaître, tant l'étude des Diatomées est inabordable pour les botanistes qui n'en font point une occupation habituelle. La famille des Diatomées est celle qui renferme le plus grand nombre d'Algues microscopiques. Celles-ci vivent partout, sur les rivages de la mer, dans tous les cours d'eau, les étangs, les fossés d'eau douce ou saumâtre, et toujours en parasites sur presque toutes les plantes aquatiques.

M. de Brébisson, dans la *Revue des Siences naturelles*, tom. I, 2e liv. (1872), a publié le catalogue des *Diatomacées*, qu'il a reconnues dans le vermifuge nommé *Mousse de Corse*. Cette Mousse de Corse est composée, comme on le sait déjà, d'environ 20 espèces d'Algues marines, parmi lesquelles dominent les *Corallina officinalis, Jania rubens, Gelidium, Ceramium ciliatum*, etc. C'est sur les rameaux de ces Algues touffues que M. A. de Brébisson a rencontré près de cent cinquante espèces de Diatomées parfaitement caractérisées, sans compter le nombre des espèces portées sur des pédicelles fragiles qui n'ont pu être conservées, ainsi que les Diatomacées d'eau douce entraînées dans la Méditerranée par les torrents et rivières qui s'y déversent.

Les quatre Diatomées signalées dans cette énumération des Algues de Bastia sont fort abondantes sur tout le littoral Corse, et faciles à reconnaître au premier abord. J'avoue, avec regret, que cette famille offre de grandes lacunes dans mon travail, mais M. de Brébisson les a comblées en partie, par la remarquable notice qu'il vient de publier dans la *Revue des Sciences naturelles*.

TABLEAU *faisant connaître, par Familles, les principales affinités de géographie botanique des Algues observées sur le littoral de Bastia.*

FAMILLES.	Médit. et Adriat. Mer Noire. 1	Médit. Adriat. M. Rouge et Oc. Ind. 2	Médit. Adriat. et Océan Atlant. Europe 3	Médit. et Oc. Atl. Europe et Amériqn. 4	Médit. Oc. Atl. Oc. Pac. Austral et Chine. 5	Eaux saumât. et douces d'Europe 6	TOTAUX.
Fucacées	4	»	1	»	»	»	5
Dictyotées	5	2	2	»	3	»	12
Chordariées	»	1	3	»	»	»	4
Ectocarpées	1	»	5	»	1	»	7
Rhodomélacées	5	2	3	»	2	»	12
Laurenciées	2	1	3	»	2	»	8
Corallinées	2	»	3	1	1	»	7
Sphérococcoïdées	»	»	2	»	»	»	2
Gélidiées	4	»	1	»	1	»	6
Squammariées	»	»	1	»	»	»	1
Helminthocladiées	1	1	1	»	2	»	5
Rhodyméniacées	2	»	1	»	»	»	3
Spyridiées	»	»	»	1	»	»	1
Cryptonémiacées	3	»	3	»	1	»	7
Céramiées	4	»	5	»	»	»	9
Siphonacées	4	»	2	»	4	»	10
Dasycladées	1	»	»	»	»	»	1
Valoniacées	»	»	1	1	»	»	2
Ulvacées	3	»	4	»	2	»	9
Confervacées	6	»	12	»	1	3	22
Oscillariées	2	»	3	»	»	1	6
Nostochinées	»	»	»	»	»	1	1
Diatomées	1	»	3	»	»	»	4
TOTAUX	51	7	58	3	20	5	144

RÉCAPITULATION.

1° Algues *spéciales* à la Méditerranée, l'Adriatique et la Mer
Noire.................................... 51

2° Algues vivant dans la Méditerranée, la Mer Rouge et
l'océan Indien................................. 7

3° Algues vivant à la fois dans la Méditerranée et l'océan
Atlantique (côtes de l'Europe) 58

4° Algues se retrouvant à la fois sur les côtes de l'Europe
et de l'Amérique.............................. 3

5° Algues vivant dans la Méditerranée, l'océan Atlantique,
l'océan Pacifique, la mer de Chine, l'océan Austral,
etc.. 20

6° Algues des eaux douces et saumâtres de toute l'Europe.. 5

TOTAL ÉGAL.... 144

D'après le tableau qui précède, on voit facilement quelles sont
les principales affinités de géographie botanique des Algues vivant
sur le littoral de la Corse.

51 Algues, soit un peu plus d'un tiers, ont été observées
seulement dans le bassin Méditerranéen ou la mer Noire.
Les Dictyotées, les Rhodomélacées, les Gélidéées, les Céraminées,
les Siphonacées et les Confervacées, sont les familles qui ont
fourni le plus grand nombre d'espèces dites *spéciales*.

58 Algues, soit encore un peu plus du tiers des espèces totales,
se retrouvent dans l'océan Atlantique, sur les côtes d'Espagne, de
France et d'Angleterre. Quelques-unes s'avancent jusque dans
la mer Baltique. Les familles qui offrent le plus grand nombre
d'espèces dans l'océan Atlantique européen sont les Ectocarpées,
les Céramiées et les Confervacées.

20 Algues seulement, soit 1/7° du nombre total, se retrouvent
dans les principales mers du globe et sous toutes les latitudes.
Ces végétaux, cosmopolites pour ainsi dire, appartiennent aux
familles des Dictyotées, Rhodomélacées, Laurenciées, Helmintho-
cladiées, Siphonacées, Ulvacées et Confervacées.

Enfin, *7 espèces* d'Algues, ou 1/20° environ, ont franchi l'espace
qui les sépare de la mer Rouge, et se retrouvent dans plusieurs

localités du golfe Persique et de l'océan Indien, tandis que trois espèces seulement, 1 *Corallinée*, 1 *Spyridiée* et 1 *Valoniacée* ont traversé l'océan Atlantique, pour se fixer sur les côtes de l'Amérique inter-tropicale.

Aujourd'hui que la Méditerranée est en communication directe, par le canal de Suez, avec la mer Rouge, l'océan Indien, les mers de Chine et du Japon, il est à présumer que nous ne tarderons pas à voir apparaître sur nos côtes une foule d'Algues qui n'y ont pas été observées jusqu'à ce jour. Leur présence expliquera, mieux que nous, le mystère de leurs lointaines migrations.

ADDENDA au n° 32 (*Rytiphlæa tinctoria*).

M. E. Lefranc, pharmacien en chef de la Garde républicaine à Paris, vient de communiquer à la Société botanique de France (*Bulletin de la Société botanique*, tom. XXI, *séances de mars* 1874, pag. 85) un travail remarquable sur les *Roccella* et *Rytiphlæa tinctoria*, par-devant la *pourpre de Tyr*.

Il résulte des recherches de mon très-honorable collègue que le *Fucus marinus tinctorius*, sive *Alga tinctoria* des Grecs et des anciens commentateurs, doit s'appliquer au *Roccella tinctoria* Dec., lichen abondant sur les rochers maritimes des îles du Levant, et non au *Rytiphlæa tinctoria* Kutz., ainsi que je l'avais indiqué dans l'observation du n° 32.

ADDENDA au n° 34 (*Alsidium helminthocorton*).

M. Revelière, botaniste et entomologiste distingué à Porto-Vecchio (Corse), a rencontré, en 1873, l'*Alsidium helminthocorton* sur les roches sous-marines de la presqu'île de la Chiapa, à 4 kilom. de Porto-Vecchio. Cette Algue, qui n'avait pas jusqu'à ce jour été signalée sur la côte orientale de la Corse, est très-abondante dans cette localité. Elle s'y trouve mélangée au *Laurencia gelatinosa* et au *Gelidium crinale*. Les habitants du village de Pioccaja, situé dans la presqu'île de la Chiapa, connaissent les propriétés vermifuges de cette Algue depuis un temps immémorial, ajoute M. Révelière, et ils en feraient le commerce en grand, s'ils avaient des débouchés avec le reste de l'île et des moyens de transport pour écouler ce produit indigène.

Ce fait nouveau et des plus intéressants vient corroborer l'opinion déjà émise par M. Lefranc, sur les propriétés médicinales de l'*Helminthocorton* des Grecs modernes (Voyez le *Bulletin de la Société botanique de France*, tom. XXI, pag. 48, 1874), propriétés qui s'appliquent également à la Mousse de Corse et à la Coralline officinale. Celles-ci étaient connues des habitants des rivages de la Toscane et des États Romains, au xvie siècle, époque où Mathiole exerçait la médecine à Sienne et à Rome, et ne devaient pas être ignorées des habitants de la Corse, bien avant l'arrivée d'une colonie grecque dans cette île, vers le milieu du xviie siècle.

Extrait de la REVUE DES SCIENCES NATURELLES.

MONTPELLIER ET CETTE. — TYPOGRAPHIE DE BOEHM ET FILS.

BIBLIOTHEQUE NATIONALE DE FRANCE

3 7531 04125497 1

www.ingramcontent.com/pod-product-compliance
Lightning Source LLC
Chambersburg PA
CBHW050521210326
41520CB00012B/2384